建筑工程招标投标与合同管理实操方略

刘兴国　张兴平　韩树国　主编

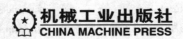

机械工业出版社
CHINA MACHINE PRESS

本书根据《中华人民共和国招标投标法》《中华人民共和国民法典》《中华人民共和国政府采购法》《房屋建筑和市政基础设施工程施工招标投标管理办法》《建设工程工程量清单计价规范》等法律法规、国家标准，分析、解决招标投标实务中的常见问题，有针对性地防控法律风险。全书从实用角度出发，根据招标投标规范规定和实际范例，在招标投标文件的编制、报价策略、合同签约、处理投诉等方面为投标企业提供方法和技巧，便于投标人尽快掌握招标投标工作的流程和要点，具有较好的实际指导作用。

本书可作为从事工程项目相关工作的招标投标人员、合同预算人员、工程管理人员、工程技术人员和工程经济专业人员的学习用书，也可作为高等院校建筑工程相关专业的教材。

图书在版编目（CIP）数据

建筑工程招标投标与合同管理实操方略/刘兴国，张兴平，韩树国主编 . —北京：机械工业出版社，2022.11
ISBN 978-7-111-71863-5

Ⅰ.①建… Ⅱ.①刘… ②张… ③韩… Ⅲ.①建筑工程－招标－教材②建筑工程－投标－教材③建筑工程－投标－教材 Ⅳ.①TU723

中国版本图书馆 CIP 数据核字（2022）第 194407 号

机械工业出版社（北京市百万庄大街 22 号 邮政编码 100037）
策划编辑：汤 攀　　　　　责任编辑：汤 攀
责任校对：潘 蕊 王 延 封面设计：张 静
责任印制：任维东
北京中兴印刷有限公司印刷
2023 年 1 月第 1 版第 1 次印刷
169mm×239mm·15.75 印张·295 千字
标准书号：ISBN 978-7-111-71863-5
定价：59.00 元

电话服务　　　　　　　网络服务
客服电话：010-88361066　机 工 官 网：www.cmpbook.com
　　　　　010-88379833　机 工 官 博：weibo.com/cmp1952
　　　　　010-68326294　金 书 网：www.golden-book.com
封底无防伪标均为盗版　机工教育服务网：www.cmpedu.com

编写人员

主编

刘兴国　张兴平　韩树国

副主编

谢芳芳　张建忠

参编

孙　淼　勾绍攀　陈素叶　戴余优

徐　静　史旖旎　张小平　张　莹

刘文清　张巧霞　赵　义　张　迪

赵小云　曾亚萍　柳　青　王瑞玲

前　　言

随着《中华人民共和国招标投标法》与相关条例的深入实施，建设市场已形成政府依法监督，招标投标活动当事人在公共资源交易中心依据法定程序进行交易活动，各中介组织提供全方位服务的市场运行格局。我国的招标投标法律制度与实操办法日益成熟，工程招标投标在工程建设、货物采购和服务领域得到了广泛的应用。工程招标投标与合同管理是工程管理人员必须掌握的专业知识，也是工程管理人员必备的能力。工程招标投标是市场经济特殊性的表现，其以竞争性承发包的方式，为招标方提供择优手段，为投标方提供竞争平台。招标投标制度对于推进市场经济、规范市场交易行为、提高投资效益起到了重要的作用。

本书结合建设工程招标投标市场管理和运行中出现的新政策、新规范、新理念，系统地阐述了建设工程招标投标、政府采购、合同管理、EPC项目管理、投诉处理、招标代理、投标文件编制等业务应遵循的工作程序。依据建设工程交易过程中招标方与投标方的工作程序和工作内容，重点介绍了招标投标的各项程序、工作方法和策略技巧。

本书力求学习内容与实际工作保持一致，理论与实际操作相结合，对工程咨询服务、政府采购货物和服务招标投标全过程的实务操作能力进行了系统的讲解，以满足建设工程招标投标管理中相关技术领域和岗位工作的要求。本书内容通俗易懂、理论简洁明了、案例典型实用，特别注重实用性，与同类书相比具有以下特点：

1）以招标投标的过程为主线，对知识点进行分门别类的讲解，由浅入深，层层递进。

2）案例是本书的灵魂，是对所学知识的实战应用，每章均穿插有对应的案例，以巩固对应的知识点。

3）紧跟时代步伐，本书包含EPC项目工程总承包案例。

4）注重"方法"，精讲"技巧"，知识讲解前呼后应，结构清晰，层次分明。

5）本书提供超值赠送，内容包括施工组织设计和施工表格，可关注公众号"机械工业出版社建筑分社"（CMPJZ18），回复"招标投标"获取资源下载地址。

编者在编写本书的过程中得到了许多同行的支持与帮助，在此一并表示感谢。由于编者水平有限，书中难免有错误或不妥之处，望广大读者批评指正。

目　录

第1章 招标投标法律法规体系

本章知识导图

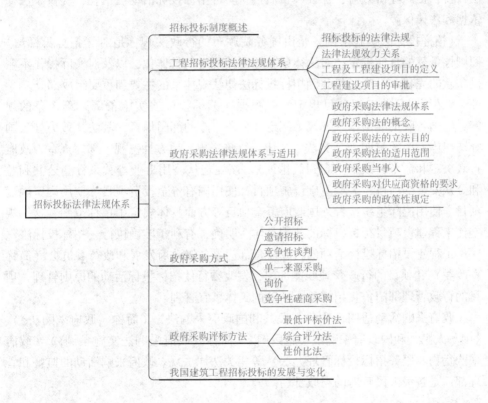

招标投标制度概述

工程招标投标法律法规体系
- 招标投标的法律法规
- 法律法规效力关系
- 工程及工程建设项目的定义
- 工程建设项目的审批

招标投标法律法规体系

政府采购法律法规体系与适用
- 政府采购法律法规体系
- 政府采购法的概念
- 政府采购法的立法目的
- 政府采购法的适用范围
- 政府采购当事人
- 政府采购对供应商资格的要求
- 政府采购的政策性规定

政府采购方式
- 公开招标
- 邀请招标
- 竞争性谈判
- 单一来源采购
- 询价
- 竞争性磋商采购

政府采购评标方法
- 最低评标价法
- 综合评分法
- 性价比法

我国建筑工程招标投标的发展与变化

1.1 招标投标制度概述

我国的招标投标制度主要有工程建设"招标投标"和"政府采购"两大制度体系,两大制度的相关法律法规及配套的具体管理工作的规范性文件共同构成了我国工程建设招标投标活动和政府采购活动的法律框架和制度体系,保证了我国招标投标和政府采购活动按照公开透明原则、公平竞争原则、公正原则和诚实信用原则，健康有序开展。

工程建设项目招标投标活动适用《中华人民共和国招标投标法》（简称《招标投标法》）《中华人民共和国招标投标法实施条例》（简称《招标投标法实施条例》）《必须招标的工程项目规定》等相关法律法规。

《招标投标法》是我国调整工程建设招标投标活动法律关系，规范工程建设招标投标活动法律行为的专门性法律，是在我国境内从事工程建设招标投标活动的主要法律依据。该法的颁布与实施，确立了我国工程建设招标投标法律制度，为规范招标投标活动，保护国家利益、社会公共利益和招标投标活动当事人的合法权益，提高经济效益，保证项目质量，实现招标投标活动法治化，提供了法律依据和法律保障。

《招标投标法实施条例》是由国务院颁布的行政法规，是对《招标投标法》原则性条款的具体规定，对法律条款原则性规定的具体化，以及对实际操作不明确条款的完善和补充，是我国招标投标法律法规体系的主要和重要组成部分。

《必须招标的工程项目规定》是根据《招标投标法实施条例》第 3 条的规定，经国务院批准由国家发改委制定并公布实施的部门规章，其法律效力处于国家法律体系中的第四级（宪法、法律、行政法规、地方性法规、部门规章、政府行政决定和命令，级别由高到低排列）。该规定从公用事业等关系社会公共利益和公众安全的项目、大型基础设施项目、使用国有资金投资项目、使用国家融资项目、使用国际组织或者外国政府资金项目等方面具体规定了招标范围。这一规定使工程建设项目招标投标的范围具体、明确，有利于准确执行《招标投标法》。

工程建设招标投标活动的行政监督部门是各级政府发展和改革委员会（简称发改委）和项目的行政管理职能部门，发改委行使招标投标活动的原则管理，项目的行政管理部门负责招标投标活动的具体事宜管理。

政府采购活动适用《中华人民共和国政府采购法》（简称《政府采购法》）、《中华人民共和国政府采购法实施条例》（简称《政府采购法实施条例》）《政府采购货物和服务招标投标管理办法》等相关法律法规。政府采购活动的监督和管理部门是各级人民政府的财政部门。

1.2 工程招标投标法律法规体系

1.2.1 招标投标的法律法规

为了更好地贯彻落实《招标投标法》的强制性规定，切实使《招标投标法》

的原则规定得到准确贯彻落实，国务院及各部委、各省级人大及政府、省级政府发改委及相关部门等相继颁布了与《招标投标法》相配套的有关招标投标活动管理的行政法规、地方性法规、部门规章、地方规章及规范性文件（表 1-1），它们共同构成了我国工程建设招标投标活动的法律法规体系，保证了我国工程建设招标投标活动在法治、规范、公平、公正、健康有序的环境下推进。

表 1-1　招标投标领域的相关法律法规

法律性质	制定机关	举例
法律	全国人大及常委会	《招标投标法》《政府采购法》《刑法》
法规	国务院及地方人大	《招标投标法实施条例》
规章	国务院部委及地方政府	工程建设项目施工招标投标办法 必须招标的工程项目规定 工程建设项目招标投标活动投诉处理办法
规范性文件	政府部门	各级政府及所属部门和派出机构在职权内制定的具有普遍约束力的规定、意见、通知、复函

作为招标投标活动和政府采购活动的参与者，掌握和了解我国的相关法律法规体系，对正确贯彻落实法律法规，提高招标投标活动的规范性和效率具有重要意义。提高自己的市场竞争力，在投标活动中提高投标文件编制质量，从而提高中标率，对投标人而言具有现实意义；在招标投标活动中维护自己的合法权益，解决招标投标活动中存在的疑难问题，对投标人而言具有重要意义。本书列出以下主要法律法规，目的是让读者清楚地了解规范招标投标活动法律关系和行为的现行法律法规、规范性文件，便于读者在招标投标活动和政府采购实践中遇到具体问题时，有针对性地学习和查找处理问题的依据。

1. 相关国家法律

与招标投标相关的国家法律有：《中华人民共和国招标投标法》《中华人民共和国建筑法》《中华人民共和国公证法》《中华人民共和国政府采购法》，如表 1-2 所示。

表 1-2　相关国家法律

法律名称	施行时间	制定目的
《中华人民共和国招标投标法》	于 1999 年 8 月 30 日第九届全国人民代表大会常务委员会第十一次会议通过，自 2000 年 1 月 1 日起施行，2017 年 12 月 27 日修正	规范招标投标活动，保护国家利益、社会公共利益和招标投标活动当事人的合法权益，提高经济效益，保证项目质量

（续）

法律名称	施行时间	制定目的
《中华人民共和国建筑法》	于1997年11月1日第八届全国人民代表大会常务委员会第二十八次会议通过，自1998年3月1日起施行，2011年4月22日第一次修正，2019年4月23日第二次修正	加强对建筑活动的监督管理，维护建筑市场秩序，保证建筑工程的质量和安全，促进建筑业健康发展
《中华人民共和国公证法》	于2005年8月28日第十届全国人民代表大会常务委员会第十七次会议通过，自2006年3月1日起施行，2017年9月1日修正	规范公证活动，保障公证机构和公证员依法履行职责，预防纠纷，保障自然人、法人或者其他组织的合法权益
《中华人民共和国政府采购法》	于2002年6月29日第九届全国人民代表大会常务委员会第二十八次会议通过，自2003年1月1日起施行，2014年8月31日修正	规范政府采购行为，提高政府采购资金的使用效益，维护国家利益和社会公共利益，保护政府采购当事人的合法权益，促进廉政建设

2. 相关行政法规

与招标投标相关的行政法规有：《建设工程安全生产管理条例》《建设工程质量管理条例》《建设工程勘察设计管理条例》《建设项目环境保护管理条例》，如表1-3所示。

表1-3 有关行政法规

法规名称	施行时间	制定目的
《建设工程安全生产管理条例》	2003年11月12日国务院第二十八次常务会议通过，自2004年2月1日起施行	加强建设工程安全生产监督管理，保障人民群众生命和财产安全
《建设工程质量管理条例》	2000年1月30日中华人民共和国国务院令第279号发布，自发布之日起施行，2017年10月7日第一次修订，2019年4月23日第二次修订	加强对建设工程质量的管理，保证建设工程质量，保护人民生命和财产安全
《建设工程勘察设计管理条例》	2000年9月25日中华人民共和国国务院令第293号公布，自公布之日起施行，2015年6月12日第一次修订，2017年10月7日第二次修订	为了加强对建设工程勘察、设计活动的管理，保证建设工程勘察、设计质量，保护人民生命和财产安全

（续）

法规名称	施行时间	制定目的
《建设项目环境保护管理条例》	1998 年 11 月 29 日中华人民共和国国务院令第 253 号发布，2017 年 7 月 16 日修订	防止建设项目产生新的污染、破坏生态环境

3. 地方性法规

地方性法规的制定目的在于加强建设市场管理，维护建设市场秩序，保障建设经营活动当事人的合法权益，根据国家有关法律、法规的规定，结合该省实际制定。

《中华人民共和国立法法》（简称《立法法》）第 72 条规定：省、自治区、直辖市的人民代表大会及其常务委员会根据本行政区域的具体情况和实际需要，在不同宪法、法律、行政法规相抵触的前提下，可以制定地方性法规。设区的市的人民代表大会及其常务委员会根据本市的具体情况和实际需要，可以对城乡建设与管理、环境保护、历史文化保护等方面的事项制定地方性法规，设区的市的地方性法规须报省、自治区的人民代表大会常务委员会批准后施行。

4. 部门规章

《立法法》第 80 条规定：国务院各部、委员会、中国人民银行、审计署和具有行政管理职能的直属机构，可以根据法律和国务院的行政法规、决定、命令，在本部门的权限范围内，制定规章。

部门规章规定的事项应当属于执行法律或者国务院的行政法规、决定、命令的事项。没有法律或者国务院的行政法规、决定、命令的依据，部门规章不得设定减损公民、法人和其他组织权利或者增加其义务的规范，不得增加本部门的权力或者减少本部门的法定职责。

《立法法》第 85 条规定：部门规章由部门首长签署命令予以公布。因此，根据这一规定，可以用一个简单的方法判定是否为部门规章。即凡是由国务院部门首长以"令"的形式公布的规定、办法、规章等可以认为是部门规章。根据国务院《行政法规制定程序条例》的规定，国务院各部门和地方人民政府制定的规章不得称"条例"。

5. 地方政府规章

根据《立法法》第 82 条规定：省、自治区、直辖市和设区的市、自治州的人民政府，可以根据法律、行政法规和本省、自治区、直辖市的地方性法规，制定规章。

根据《立法法》第85条规定：地方政府规章由省长、自治区主席、市长或者自治州州长签署命令予以公布。因此，地方地市级以上人民政府制定的地方政府规章，以地方行政首长"政府令"的形式公布的决定、命令、办法、规定、规章等，可以认为是地方政府规章。

6. 国务院及部门规范性文件

国务院及国务院各部门规范性文件，是国务院及各部门为了落实法律、法规和国家行政事务管理，解决实际工作中存在的问题，就某一方面的事物做出的规定。规范性文件与法规等文件最显著的区别是：规范性文件的发文采用统一文件编号的形式；法规是以"国务院令"的形式公布；部门规章是以"部委令"的形式公布。

7. 地方政府规范性文件

该类文件是由地方政府公布的"办法""规定"（"条例""命令"以外的文件）等规范性文件。

1.2.2 法律法规效力关系

1. 法律法规效力层级

《立法法》第87条规定：宪法具有最高的法律效力，一切法律、行政法规、地方性法规、自治条例和单行条例、规章都不得同宪法相抵触。这一条款明确了我国法律法规制定的根本原则，宪法的地位和法律效力，一切法律法规必须在宪法的框架下制定，不得与宪法相抵触。

《立法法》第88条规定：法律的效力高于行政法规、地方性法规、规章。行政法规的效力高于地方性法规、规章。

《立法法》第89条规定：地方性法规的效力高于本级和下级地方政府规章。省、自治区的人民政府制定的规章的效力高于本行政区域内的设区的市、自治州的人民政府制定的规章。

《立法法》第91条规定：部门规章之间、部门规章与地方政府规章之间具有同等效力，在各自的权限范围内施行。

《立法法》第87、88、89、91条明确规定了我国法律法规之间的法律效力关系，归纳如下：

宪法＞法律＞法规＞规章（部门规章与地方政府规章具有同等效力）＞规范性文件；

行政法规＞地方性法规；

部门规章＝省、自治区的人民政府制定的规章＞本行政区域内的设区的市、自治州的人民政府制定的规章；

地方性法规 > 本级和下级地方政府规章。

法律法规效力层级如表 1-4 所示。

表 1-4 法律法规效力层级

性质		制定机关	地位效力
宪法		全国人民代表大会	根本法，具有最高的法律效力
法律	基本法律	全国人民代表大会	效力地位仅次于宪法
	一般法律	全国人大常委会	
行政法规		国务院	次于宪法和法律，高于行政规章和地方性法规
地方性法规		各省、自治区、直辖市的人大及其常委会	低于行政法规，高于地方性规章，在本行政区域内有效
行政规章	部门规章	国务院各部委	低于行政法规，且仅在本部门权限范围内适用
	地方政府规章	各省、自治区、直辖市的人民政府	低于行政法规，低于同级地方性法规，且仅在本行政区域范围内适用
规范性文件		各级政府及所属部门和派出机构在职权内制定的，具有普遍约束力的规定、意见、通知、复函	

2. 法律法规不一致问题

当同一层级的法规不一致时，《立法法》第 92、93、94、95 条做出了明确规定，如表 1-5 所示。行政法规之间对同一事项的新的一般规定与旧的特别规定不一致，不能确定如何适用时，由国务院裁决。根据授权制定的法规与法律规定不一致，不能确定如何适用时，由全国人民代表大会常务委员会裁决。

表 1-5 同一层级的法规不一致时的适用规定

条目编号	内容
《立法法》第 92 条	同一机关制定的法律、行政法规、地方性法规、自治条例和单行条例、规章，特别规定与一般规定不一致的，适用特别规定；新的规定与旧的规定不一致的，适用新的规定
《立法法》第 93 条	法律、行政法规、地方性法规、自治条例和单行条例、规章不溯及既往，但为了更好地保护公民、法人和其他组织的权利和利益而做的特别规定除外

（续）

条目编号	内容
《立法法》第 94 条	法律之间对同一事项的新的一般规定与旧的特别规定不一致，不能确定如何适用时，由全国人民代表大会常务委员会裁决
《立法法》第 95 条	①同一机关制定的新的一般规定与旧的特别规定不一致时，由制定机关裁决 ②地方性法规与部门规章之间对同一事项的规定不一致，不能确定如何适用时，由国务院提出意见，国务院认为应当适用地方性法规的，应当决定在该地方适用地方性法规的规定；认为应当适用部门规章的，应当提请全国人民代表大会常务委员会裁决 ③部门规章之间、部门规章与地方政府规章之间对同一事项的规定不一致时，由国务院裁决

《立法法》用了 4 条规定对法律法规几种不一致情形的法律效力的确定作出明确规定，这 4 条规定是我国在适用法律法规方面解决条款内容冲突问题的法律依据。

3. 招标投标文件的法律效力

在招标投标实践中，无论是按照《招标投标法》规定的程序和方法进行招标投标，还是按照《政府采购法》规定的程序和方法进行的采购活动，其招标文件或采购文件，都应当符合法律法规的原则规定和具体要求。在招标文件和采购文件中，设定投标人的资格条件、商务要求、技术要求、评审方法和细则、投标文件格式等实质性要求，不得违反法律法规，不得违反禁止性规定。我国的招标投标和政府采购制度都是依据法律的规定而建立的，招标投标活动本身就是法律活动，必须依据法律法规的规定开展招标活动、投标活动、评标活动及监督管理活动。招标投标活动的监管者和参与者都必须依据招标投标有关的法律法规参与活动，积极贯彻落实《招标投标法》《政府采购法》及相关法律法规。

从上述分析可知，招标文件和采购文件均应依据法律法规的规定编制，在招标投标和政府采购活动中，其法律效力显然是处于最低位置。

因此，无论招标文件或采购文件是否有规定，投标人提供的投标文件都应当符合法律法规的要求。为了更便于贯彻落实法律法规强制性要求，有些规范性文件对此做出了具体规定。

投标文件和采购响应文件同样是具有法律效力的文件，该文件的应答不光要满足招标文件或采购文件的要求，更应当符合法律法规的规定，特别是有关资格性、符合性和其他实质性要求的承诺。中标后的投标文件和采购响应文件对投标人具有约束力，其自愿性承诺必须落实，法律法规强制性要求必须符合，否则将被取消中标资格。

在招标投标实践中，往往存在：管理部门下发的招标文件范本，由于审查不严，文件中个别地方的规定不符合法律法规要求；招标代理机构编制的具体项目招标文件对投标人资格条件的要求，不符合法律法规强制性规定；在项目评审过程中，个别评委仅按照招标文件要求的资格性和符合性进行评审，而不管法律法规的规定。上述这些问题都是违法行为，在政府采购活动中发生的概率较高。

1.2.3　工程及工程建设项目的定义

《招标投标法》中所称的"工程"和"工程建设项目"在《招标投标法实施条例》中有明确定义，这种定义具有法定性，是权威定义，它涉及《招标投标法》和招标投标活动的具体实施，不能随意理解和修改。

《招标投标法》所称的"工程建设项目"，是指工程及与工程建设有关的货物、服务。

《招标投标法》所称的"工程"，是指建设工程，包括建筑物和构筑物的新建、改建、扩建及其相关的装修、拆除、修缮等。建设工程按照专业可分为土木工程、建筑工程、线路管道和设备安装工程及装修工程。

《招标投标法》所称的"与工程建设有关的货物"，是指构成工程不可分割的组成部分，且为实现工程基本功能所必需的设备、材料等。

《招标投标法》所称的"与工程建设有关的服务"，是指为完成工程所需的勘察、设计、监理等服务。

1.2.4　工程建设项目的审批

按照国家有关规定，项目建设必须履行项目审批、核准手续，项目审批的流程图如图 1-1 所示。

建设项目在办理审批过程中，整体项目的各子项目，其招标范围（勘察、设计、施工、监理）、招标方式（公开招标、邀请招标、不招标）、招标组织形式（代理招标、自行招标、公共资源交易中心招标），在审批和核准时一并确定。使用国际金融组织或者外国政府资金的建设项目，资金提供方对建设项目报送招标内容有规定的，从其规定。项目审批、核准部门应将审批、核准建设项目招标内容的意见抄送有关行政监督部门。项目审批、核准部门对招标事项的审批、核准意见格式，见表 1-6。

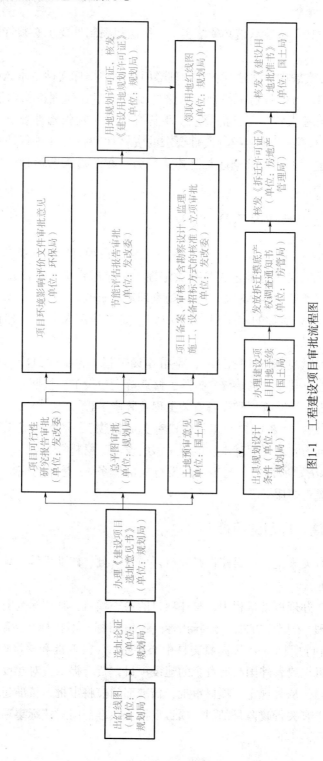

图1-1 工程建设项目审批流程图

表 1-6　项目审批、核准部门对招标事项的审批、核准意见格式

项目	招标范围		招标组织形式		招标方式		不采用招标方式
	全部招标	部分招标	自行招标	委托招标	公开招标	邀请招标	
勘察							
设计							
建筑工程							
安装工程							
监理							
设备							
重要材料							
其他							

审批部门核准意见说明：

审批部门盖章

×年×月×日

1.3　政府采购法律法规体系与适用

为了规范政府采购行为，提高政府采购资金的使用效益，维护国家利益和社会公共利益，保护政府采购当事人的合法权益，促进廉政建设，我国自 2003 年 1 月 1 日起施行《中华人民共和国政府采购法》（简称《政府采购法》）。国务院、地方人大和各级政府相继制定公布了行政法规、地方性法规、部门规章、地方政府规章和规范性文件，形成了我国政府采购法律法规体系。

1.3.1　政府采购法律法规体系

《政府采购法》是调整我国政府采购活动法律关系，规范政府采购活动法律行为的专门性法律，是我国施行政府采购活动的主要法律依据。它是根据《中华人民共和国预算法》（简称《预算法》）制定的，并且与不同时期制定的其他平行法律相配套。为了使法律原则性条款更好地贯彻落实，解决政府采购活动实践中的实际操作问题，国务院、财政部及其他相关部门在不同时期制定了相关行政法规、部门规章，各省级人民代表大会、省级政府、省级财政部门依据上位法律法规制定了与本行政区域实际相结合的地方性法规、地方政府规章、规范性文件。它们是细化政府采购活动方式、方法、程序、资格性、符合性、采购人、采

购对象、评审方法、评审依据、结果处理的具体操作依据。法律、行政法规、地方性法规、部门规章、地方政府规章、规范性文件，共同构成了政府采购法律法规体系，保证了我国政府采购活动在法治、规范、公平、公正、健康有序的环境下推进。

政府采购活动的参与者就是政府采购活动法律关系的参与者，其行为是法律行为。因此，政府采购法律法规是政府采购活动的管理者、监督者、采购人、招标代理人、供应商、评审者等参与者必须认真研究的内容。政府采购法律法规体系如表1-7所示。

表1-7　政府采购法律法规体系

层级	内容
第一层级	《政府采购法》《招标投标法》《行政处罚法》《行政复议法》《行政诉讼法》等
第二层级	《政府采购法实施条例》《招标投标法实施条例》《建设工程质量管理条例》等
第三层级	地方性法规
第四层级	《政府采购货物和服务招标投标管理办法》《政府采购信息发布管理办法》《政府采购质疑和投诉办法》《政府采购非招标采购方式管理办法》
第五层级	国务院及各部门规范性文件
第六层级	地方财政部门规范性文件

1）在政府采购领域，政府采购的具体法律法规体系中的核心，为2002年6月29日通过并于2003年1月1日正式实施的《政府采购法》。与这部法同级的还有《招标投标法》《行政处罚法》《行政复议法》《行政诉讼法》等，都在法律层面上对政府采购活动进行规范，为第一层级。

2）在法律层面之下的是第二层级，行政法规。在2014年12月通过、于2015年3月1日实施的《政府采购法实施条例》是对《政府采购法》的解释与补充，具有非常重要的地位与作用。其他现在施行的相关行政法规列举如下：

《招标投标法实施条例》，由国务院制定和公布，2012年2月1日起施行，先后经过三次修订。

《建设工程质量管理条例》（国务院令第279号），2000年1月30日起施行，2019年4月23日，根据国务院令（第714号）对《建设工程质量管理条例》部分条款予以修改。

《建设工程安全生产管理条例》（国务院令第393号），2004年2月1日起施行。

《中华人民共和国计算机信息系统安全保护条例》（2011年修订）。

《中华人民共和国电信条例》（2016年2月修订）。

3）第三层级则是地方性法规。目前，关于政府采购方面的地方性法规很少见。

4）第四层级为财政部公布的规章，核心组成部分为财政部令第 87 号（2017年 10 月施行的《政府采购货物和服务招标投标管理办法》）、财政部令第 101 号（2020 年 3 月施行的《政府采购信息发布管理办法》）、财政部令第 94 号（2018年 3 月施行的《政府采购质疑和投诉办法》）与财政部令第 74 号（2014 年 2 月施行的《政府采购非招标采购方式管理办法》）。

5）第五层级是国务院及各部门规范性文件，主要是由国务院、财政部及其他部门，根据政府采购发展和实践活动中存在的问题，就某一方面的管理问题制定的规范性文件。就其法律效力而言，国务院规范性文件次于法规，部门规范性文件次于部门规章。

6）第六层级是地方财政部门规范性文件，主要由省级财政部门制定与公布。各省级财政部门根据《政府采购法》《政府采购法实施条例》及国家财政部公布的部门规章和规范性文件等，制定了相关规范性文件，细化上位法律法规的具体内容，以便于政府采购活动的贯彻落实。省级规范性文件仅在本行政区域范围内具有法律效力。

从 2002 年 6 月 29 日通过的《政府采购法》到《关于加强政府采购活动内部控制管理的指导意见》（包括要求代理机构也要建立完整的内控制度），政府采购的六个层级的法律法规，已形成了以《政府采购法》为核心的、以《政府采购法实施条例》为支撑的完整的政府采购法律法规体系。

1.3.2 政府采购法的概念

政府采购法是针对政府采购的专门性法规。《政府采购法》的实施，使我国政府采购工作步入了法制化轨道，对推动政府采购工作发展具有十分重要的意义。

《政府采购法》是调整我国政府采购活动的法律关系，规范政府采购行为的专门法，是我国进行政府采购活动的主要法律依据。与之相配套的法规和规范性文件是政府采购法律法规体系的一部分，是细化政府采购活动方式、方法、程序、资格性、符合性、采购人、采购对象、评审方法、评审依据、结果处理的具体操作依据。因此，政府采购活动的各种名称、术语和定义都是以法律法规的条文进行规定，不能以一般语言进行解释，这对保障法律法规具体规定的统一实施具有重要意义。

1）政府采购的定义、采购内容的名称和内涵均由法律规定，不能随意介绍和用一般语义解释。

《政府采购法》所称政府采购，是指各级国家机关、事业单位和团体组织，使用财政性资金采购依法制定的集中采购目录以内的或者采购限额标准以上的货物、工程和服务的行为。这一法律名称的定义包含了3个方面的含义：

一是政府采购主体——各级国家机关、事业单位和团体组织。

二是采购资金来源——财政性资金。

三是采购对象——工程、货物、服务3大类。采购对象应在政府制定的集中采购目录范围内，并且达到采购限额以上的标准。这个标准由国务院和省级人民政府根据本地实际的经济发展水平和财力情况确定。

2）《政府采购法》所称的采购，是指以合同方式有偿取得货物、工程和服务的行为，包括购买、租赁、委托、雇用等。政府采购活动的双方具有平等的权利和义务，按照合同法的规定建立法律关系的政府采购强调了有偿取得，而不是无偿取得。这表明了在政府采购活动中，采购人作为政府采购活动的民事主体参加政府采购活动，而不是管理主体，购供双方的法律地位平等。同时也表明，政府采购是有偿购买，排斥无偿供货或服务。我国现在实行的是市场经济，所谓的"有偿取得"一定是按照市场规律，双方按照市场价格自由买卖，在公平竞争的基础上进行交易。市场经济是法治经济，鼓励优质低价，但是禁止恶意低价竞争，也意味着排斥低于成本价竞争。

3）《政府采购法》所称货物，是指各种形态和种类的物品，包括原材料、燃料、设备、产品等。

4）《政府采购法》所称工程，是指建设工程，包括建筑物和构筑物的新建、改建、扩建、装修、拆除、修缮等。《政府采购法实施条例》将《招标投标法》《政府采购法》中关于"工程"的定义和外延统一为一种解释。工程建设项目的招标投标范围既包括工程主体，也包括与主体工程相关的设备、材料和服务。也就是说，工程建设项目的招标，包括勘察、设计、施工、监理，以及与工程主体有关的设备和材料。

《政府采购法实施条例》还规定：政府采购工程及与工程建设有关的货物和服务，采用招标方式采购的，适用《招标投标法》及其实施条例；采用其他方式采购的，适用《政府采购法》及本条例。根据《政府采购法》的规定，其他方式是指招标方式以外的采购方式，如竞争性谈判、单一来源采购、询价采购、国务院政府采购监督管理部门认定的其他采购方式。所称与工程有关的货物，是指构成工程不可分割的组成部分，且为实现工程基本功能所必需的设备、材料等；所称的与工程有关的服务，是指完成工程所需的勘察、设计、监理等服务。

5）《政府采购法》所称服务，是指除货物和工程以外的其他政府采购对象。凡是具备某种独立功能的、市场化销售的产品以外的、无形的、由人力、技术和设备去实现某种目标任务的过程，都可以算作服务，如洗刷建筑外墙、清洁卫生、设备或计算机系统（硬件和软件）管理维护维修等。政府采购的服务在使用性质上包括政府自身需要的服务和政府向社会公众提供的公共服务。

应当注意，无论是政府采购的工程建设项目，还是招标投标的工程建设项目，其"与工程建设有关的服务"与政府采购对象的"服务"是不同的。与工程建设有关的服务，是指为完成工程所需的勘察、设计、监理等服务。换句话说，工程所需的勘察、设计、监理等服务是按照工程建设项目的属性进行招标的，《政府采购法》的采购对象是"货物、工程、服务"中的"服务"，是按照政府采购"服务"类的要求进行招标的。

1.3.3　政府采购法的立法目的

立法目的是一部法律的核心，法律的各项具体规定都是围绕立法目的展开的。通常情况下，一部法律的第 1 条都会开宗明义说明立法目的。《政府采购法》的第 1 条具体规定了立法目的，即："为了规范政府采购行为，提高政府采购资金的使用效益，维护国家利益和社会公共利益，保护政府采购当事人的合法权益，促进廉政建设，制定本法。"

《政府采购法》立法目的包含了 5 个方面的含义。

（1）规范政府采购行为　《政府采购法》将规范政府采购行为作为立法的首要目的，重点强调政府采购中各类主体的平等关系，要求各类主体在采购货物、工程和服务过程中，必须按照法定的基本原则、采购方式、采购程序等开展采购活动，保证政府采购的效果，维护正常的市场秩序。

（2）提高政府采购资金的使用效益　《政府采购法》将公开招标确定为主要采购方式，从制度上最大限度地发挥市场竞争机制的作用，在满足社会公共需求的前提下，使采购到的货物、工程和服务物有所值，做到少花钱，多办事，办好事。

国外经验表明，实行政府采购，采购资金节约率一般都在 10% 以上，这在我国的政府采购实践中也得到了印证。建立健全的政府采购法制，可以节省财政资金，提高财政资金的使用效益。

（3）维护国家利益和社会公共利益　政府采购不同于企业或私人采购，不仅要追求利益最大化，还要有助于实现国家经济和社会发展的政策目标，扶持民族工业，保护环境，扶持不发达地区和少数民族地区，促进中小企业发展等。政府采购强制要求采购人在政府采购活动中，给予绿色环保、节能、自主创新等产品一定幅度的优惠，鼓励供应商生产节能环保产品。法律为实施政府采购政策目标提供保障，有利于维护国家利益和社会公共利益。

（4）保护政府采购当事人的合法权益　　在政府采购活动中，采购人和供应商都是市场的参与者，采购代理机构为交易双方提供中介服务，各方当事人之间是一种经济关系，应当平等互利，按照法定的权利和义务，参加政府采购活动。

（5）促进廉政建设　　实行政府采购制度，可以使采购成为"阳光下的交易"，有利于抑制政府采购中各种腐败现象的发生，净化交易环境，从源头上抑制腐败现象的发生。《政府采购法》为惩治腐败行为提供了重要的法律依据。

1.3.4　政府采购法的适用范围

《政府采购法》第 2 条规定："在中华人民共和国境内进行的政府采购适用本法。本法所称政府采购，是指各级国家机关、事业单位和团体组织，使用财政性资金采购依法制定的集中采购目录以内的或者采购限额标准以上的货物、工程和服务的行为。……本法所称采购，是指以合同方式有偿取得货物、工程和服务的行为，包括购买、租赁、委托、雇用等。"

《政府采购法》从五个方面划定了其适用范围。

（1）地域方面　　将其适用范围划定在中华人民共和国境内。根据《中华人民共和国香港特别行政区基本法》和《中华人民共和国澳门特别行政区基本法》的规定，香港、澳门享有立法权和独立司法权，除香港、澳门因实行"一国两制"以外，所有中华人民共和国领土都在《政府采购法》适用范围内。

（2）主体方面　　将其适用范围划定在各级国家机关、事业单位和团体组织。

（3）资金方面　　将适用范围划定在财政性资金。财政性资金包括预算资金、政府性基金和预算外资金。

预算资金是指财政预算安排的资金，包括预算执行中追加的资金。

预算外资金是指按规定缴入财政专户和经财政部门批准留用的未纳入财政预算收入管理的财政性资金。

政府性基金，是指各级人民政府及其所属部门根据法律、行政法规和中共中央、国务院有关文件的规定，为支持某项事业发展，按照国家规定程序批准，向公民、法人和其他组织征收的具有专项用途的资金，包括各种基金、资金、附加或专项收费。

（4）采购对象方面　　采购对象是依法制定的集中采购目录以内的或者采购限额标准以上的货物、工程和服务。

集中采购目录和采购限额标准依照法律规定的权限制定。属于中央预算的政府采购项目，其集中采购目录由国务院确定并公布；属于地方预算的政府采购项目，其集中采购目录由省、自治区、直辖市人民政府或者其授权的机构确定并公布。

（5）例外情形　　根据《政府采购法》的规定，下列三种情形，项目虽然属于政府采购范围，但因其特殊性，作为例外，可以不适用《政府采购法》。

1）使用国际组织和外国政府贷款进行的政府采购，贷款方、资金提供方与中方达成的协议对采购的具体条件另有规定的，可以适用其规定，但不得损害国家利益和社会公共利益。

2）对因严重自然灾害和其他不可抗力事件所实施的紧急采购和涉及国家安全和秘密的采购。

3）军事采购法规由中央军事委员会另行制定。

1.3.5　政府采购当事人

《政府采购法》第 14 条规定：政府采购当事人是指在政府采购活动中享有权利和承担义务的各类主体，包括采购人、供应商和采购代理机构等。

1）采购人是指依法进行政府采购的国家机关、事业单位，团体组织。

2）供应商是指向采购人提供货物、工程或者服务的法人、其他组织或者自然人。

3）采购代理机构是指集中采购机构及其以外的采购代理机构。

集中采购机构是设区的市、自治州以上人民政府根据本级政府采购项目组织集中采购的需要设立的。集中采购机构是非营利事业法人，根据采购人的委托办理采购事宜。集中采购机构以外的采购代理机构，是从事采购代理业务的社会中介机构。

1.3.6　政府采购对供应商资格的要求

供应商的资格条件分为法定要求和采购人根据采购项目的特殊性规定的特定条件。

1. 法定的供应商资格

根据《政府采购法》第 22 条规定，供应商应当具备的资格条件如下。

1）具有独立承担民事责任的能力。

2）具有良好的商业信誉和健全的财务会计制度。

3）具有履行合同所必需的设备和专业技术能力。

4）具备依法纳税和缴纳社会保障资金的良好记录。

5）参加政府采购活动前 3 年内，在经营活动中没有重大违法记录。

6）法律、行政法规规定的其他条件。

2. 采购人规定的特定条件

《政府采购法》允许采购人根据采购项目的特殊性，规定供应商必须具备一定的特定条件。特定条件一般包括：资质、生产能力、业绩、生产许可、财务状况、专业人员等。这些特定条件必须在采购文件中明示，并且不能通过设定特定资格条件来妨碍充分竞争和公平竞争，不能设定歧视条款。

1.3.7 政府采购的政策性规定

针对政府采购使用资金等方面的特殊性，法律要求政府采购应当有助于实现一些经济和社会发展的政策性目标。政策性目标主要有：扶持本国企业的发展；节约能源，保护环境；促进中小企业发展等。

国务院、财政部和有关部门依法制定了一系列规定，强制实施了部分政策性目标。

根据《政府采购法》第10条规定，政府采购应当采购本国货物、工程和服务。但是对3种情形例外：需要采购的货物、工程或者服务在中国境内无法获取或者无法以合理的商业条件获取的；为在中国境外使用而进行采购的；其他法律、行政法规另有规定的。以上3种情况应按照财政部《政府采购进口产品管理办法》和《关于政府采购进口产品管理有关问题的通知》的规定，经批准后才能采购进口产品。

1.4 政府采购方式

政府采购的方式有公开招标、邀请招标、竞争性谈判、单一来源采购、询价和国务院政府采购监督管理部门认定的其他采购方式，其中公开招标作为政府采购的主要采购方式。图1-2为政府采购方式的介绍。

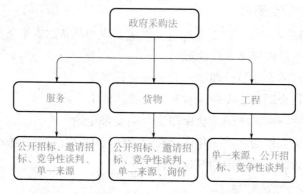

图1-2 政府采购方式

1.4.1 公开招标

达到公开招标数额标准的货物、工程和服务，必须采用公开招标的方式进行采购。采购人不得将应当以公开招标方式采购的货物、工程、服务化整为零或者以其他任何方式规避公开招标采购。政府采购货物或服务项目，公开招标的数额标准不应低于 200 万元。政府采购公开招标的流程如图 1-3 所示。

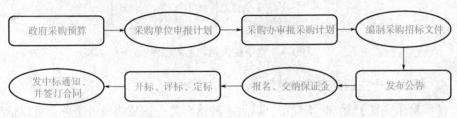

图 1-3 政府采购公开招标流程

1.4.2 邀请招标

政府采购的邀请招标，是指从符合相应资格条件的供应商中随机选择 3 家以上供应商，并以投标邀请书的方式邀请其参加投标。

1. 邀请招标的适用范围

下列两种情形，经设区的市、自治州以上人民政府财政部门同意后，可以采用邀请招标方式进行采购：

1）具有特殊性，只能从有限范围的供应商处采购的。

2）采用公开招标方式的费用占政府采购项目总价值的比例过大的。

2. 邀请招标的程序

政府采购采用邀请招标方式采购时，应当在省级以上人民政府财政部门指定的政府采购信息媒体发布资格预审公告，公布投标人资格条件，资格预审公告的期限不得少于 5 个工作日。投标人应当在资格预审公告期结束之日起 3 个工作日前，按公告要求提交资格证明文件。采购人从评审合格的投标人中通过随机方式选择 3 家以上的潜在投标人，并向其发出投标邀请书。邀请招标的后续程序与公开招标的程序相同。

1.4.3 竞争性谈判

竞争性谈判，是指从符合相应资格条件的供应商名单中确定不少于 3 家供应商参加谈判，最后从中确定成交供应商的采购方式。经设区的市、自治州以上的政府财政部门同意后，可以采用竞争性谈判的方式进行采购。

1. 竞争性谈判的主要程序

竞争性谈判的主要程序如图 1-4 所示。

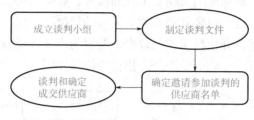

图 1-4　竞争性谈判的主要程序

2. 符合竞争性谈判方式的条件

《政府采购法》第 30 条规定，以下 4 种情形之一的货物或者服务，可以依照本法采用竞争性谈判的采购方式：

1）招标后没有供应商投标或者没有合格标的或者重新招标未能成立的。

2）技术复杂或者性质特殊，不能确定详细规格或者具体要求的。

3）采用招标所需时间不能满足用户紧急需要的。

4）不能事先计算出价格总额的。

对采购对象的技术规格、具体要求不确定，是由于采购对象为艺术品、专利技术和专有技术。

紧急需要指的是采购人不可预见的或者非因采购人拖延导致的情形，来不及按照正常程序进行招标，但需要紧急采购货物和服务，这种情况称为"紧急需要"。面临紧急需要的情况时，招标的方式在时间上不能满足需要，如抢险救灾、处理突发事件，拖延采购时间可能导致国家在经济、政治、社会公共安全等方面产生巨大损失，所以可以采取竞争性谈判采购方式。

采购对象价格总额的不确定，是因服务的时间、数量等条件不能确定，导致不能事先计算出价格总额。

符合上述条件之一的，招标数额在公开招标数额以下的货物和服务采购，无须特殊批准，采用竞争性谈判的采购方式。招标数额在公开招标数额以上的货物和服务采购，应当进行公开招标，但是，根据《政府采购法实施条例》第 23 条规定，经过设区的市级以上人民政府财政部门批准，可以依法采取竞争性谈判的方式进行采购。

根据《政府采购法实施条例》的规定，政府采购工程依法不进行招标的，应当依照《政府采购法》及其实施条例规定的竞争性谈判或单一来源采购方式进行采购。

3. 竞争性谈判的特点

1）竞争性谈判的技术、服务要求和合同条款可以变动。根据《政府采购非招标采购方式管理办法》（财政部令第 74 号）第 32 条的规定，在谈判过程中，谈判小组可以根据谈判文件和谈判情况实质性变动采购需求中的技术、服务要求及合同草案条款，但不得变动谈判文件中的其他内容。实质性变动的内容，须经采购人代表确认。

2）评标方法采用最低评标价法。根据财政部颁布的《政府采购非招标采购方式管理办法》的规定，谈判小组应当从质量和服务均能满足采购文件实质性响应要求的供应商中，按照最后报价由低到高的顺序提出 3 名以上成交候选人，并编写评审报告。

3）特殊情况下允许只有两个实质响应的供应商被推荐为中标候选人。公开招标的项目实质响应投标人仅有两家，经财政部门批准后转换为竞争性谈判的，可以从两个供应商中推荐中标候选人。这种情况的处理，还应根据招标文件中的采购需求，编制谈判文件后进行竞争性谈判。

《政府采购非招标采购方式管理办法》规定：公开招标的货物、服务采购项目，招标过程中提交投标文件或者经评审实质性响应招标文件要求的供应商只有两家时，采购人、采购代理机构按照本办法的相关规定，经本级财政部门批准后可以与该两家供应商进行竞争性谈判采购，采购人、采购代理机构应当根据招标文件中的采购需求编制谈判文件，成立谈判小组，由谈判小组对谈判文件进行确认。符合本款情形的，在《政府采购非招标采购方式管理办法》第 33、35 条中规定的供应商最低数量可以为两家。因此，公开招标的项目仅有两个供应商合格而转为竞争性谈判的，可以突破合格供应商必须满足 3 人的强制性规定，但必须是经过地市级财政部门批准的。

1.4.4　单一来源采购

单一来源采购也称直接采购，是指采购人从唯一供应商处进行采购的方式。经设区的市、自治州以上的人民政府财政部门同意后，可以采用单一来源方式进行采购。

1. 单一来源采购的适用范围

1）只能从唯一供应商处采购的。根据《政府采购法实施条例》第 27 条规定："只能从唯一供应商处采购的"是指因货物或者服务使用不可替代的专利、专有技术或者公共服务项目具有特殊要求，导致只能从某一特定供应商处采购。

2）发生了不可预见的紧急情况，不能从其他供应商处采购的。例如，在紧急救援、灾情救援等紧急情况下，对所需的货物和服务来不及进行细致的调研考察和选择，并按照规定的程序进行招标，此时采购人已经掌握和使用的货物，采购效率最高，短时间内即可采购到并投入使用，满足紧急需要。

3）必须保证原有采购项目一致性或者服务配套的要求，需要继续从原供应商处添购，且添购资金总额不超过原合同采购金额10%的。

单一来源采购的第3种适用情形应当满足以下两个条件：

第一个条件是，新增加的采购对象，必须与原项目保持一致性，无缝对接，不一致就无法统一应用。例如，新购的系统或设备必须采用原系统或设备的品牌或型号，才能与原系统对接，其他厂家的产品则不能实现此目标。某些信息技术类设备，联网接口、通信协议、数据格式、图像格式等是自成体系的，其他厂家的产品不能与其对接，新购产品必须与原系统相一致。拟新购买或定制开发的软件模块是以原系统为平台增加的新功能模块，或是对原应用软件系统进行升级的模块，这种情况符合单一来源采购的条件。

如果系统使用的接口、协议、格式等都是符合国家标准或国际标准的，那么新增设备选用哪一家产品都可以实现与原系统无缝对接，实现一体化运行，这种情况则不符合单一来源采购的条件，如计算机网络设备等。

当原系统的技术含量高，甚至是独立知识产权，或是具有他人没有掌握的、只有原供应商才掌握的技术、信息或资料时，其他公司难以替代先前的服务者，无法快速熟悉掌握系统的整体技术、硬件系统、业务软件系统、应用指导等情况，难以保障系统正常运行、业务应用不受影响。此时购买原厂服务就属于配套服务，符合单一来源采购条件。例如，现有系统为某公司研发或生产的产品，其系统运行、维护技术复杂，情况特殊，由原研发或生产者继续承担维护任务，能够很好地满足系统运行维护的正常需要。

第二个条件是，新购设备和系统的资金总额不能超过原合同采购金额的10%。单一来源采购的第3种情形必须同时满足上述两个条件，只满足一个条件则不能适用该方式采购。

根据《政府采购法实施条例》第25条的规定，政府采购工程依法不进行招标的，应当依照《政府采购法》和本条例规定的竞争性谈判或者单一来源采购方式采购。例如，与工程配套的勘察、设计、咨询、设备安装和采购，若金额较小，未达到招标额度，可以选择竞争性谈判或单一来源采购；达到招标规定金额的，依法应当进行招标的，依据《招标投标法》进行招标。

2. 单一来源采购遵循的原则

采购人与供应商应当遵循《政府采购法》规定的原则，在保证采购项目质量和双方商定合理价格的基础上进行采购。

3. 单一来源采购的一般流程

单一来源采购的一般流程如图 1-5 所示。

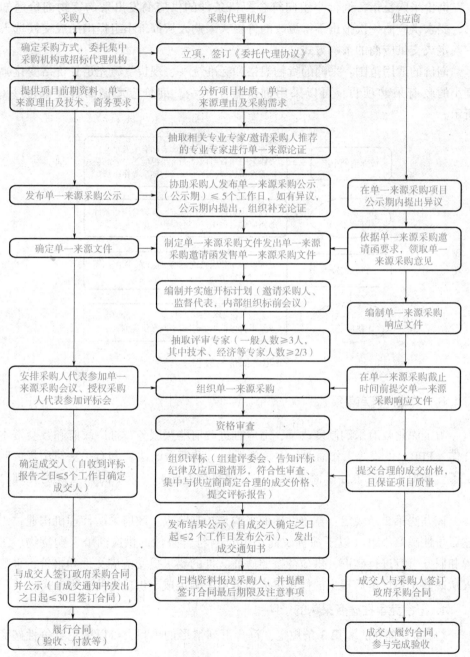

图 1-5　单一来源采购的一般流程

1.4.5 询价

询价采购是指：询价小组向符合资格条件的供应商发出采购货物询价通知书，要求供应商一次报出不得更改的价格，采购人从询价小组提出的成交候选人中确定成交供应商的采购方式。

询价的适用范围：采购的货物规格和标准统一、现货货源充足且价格变化幅度小的政府采购项目，可以采用询价方式采购。询价应遵循的程序如图1-6所示。

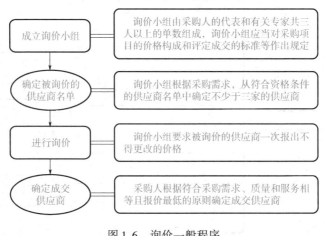

图1-6 询价一般程序

1.4.6 竞争性磋商采购

为了深化政府采购制度改革，适应推进政府购买服务、推广政府和社会资本合作（PPP）模式等工作需要，财政部根据《政府采购法》和有关法律法规，制定了《政府采购竞争性磋商采购方式管理暂行办法》（以下简称《磋商管理办法》）。

该办法第2条规定：竞争性磋商采购是指采购人、政府采购代理机构通过组建竞争性磋商小组（以下简称磋商小组）与符合条件的供应商就采购货物、工程和服务事宜进行磋商，供应商按照磋商文件的要求提交响应文件和报价，采购人从磋商小组评审后提出的候选供应商名单中确定成交供应商的采购方式。

1. 符合竞争性磋商采购的条件

《磋商管理办法》第3条规定，符合下列情形的项目，可以采用竞争性磋商采购：

1）政府购买服务项目。

2）技术复杂或者性质特殊，不能确定详细规格或者具体要求的。

3）因艺术品采购、专利、专有技术或者服务的时间、数量事先不能确定等原因不能事先计算出价格总额的。

4）市场竞争不充分的科研项目，以及需要扶持的科技成果转化项目。

5）按照《招标投标法》及其实施条例的规定，必须进行招标的工程建设项目以外的工程建设项目。

竞争性磋商采购虽然是针对 PPP 模式规定的采购方式，但是上述规定的适用情形不局限于 PPP，只要符合上述规定的 5 种情形之一，就可以选择竞争性磋商采购的采购方式。

参加磋商采购活动的供应商不少于 3 家。《磋商管理办法》第 6 条规定：采购人、采购代理机构应当通过发布公告、从省级以上财政部门建立的供应商库中随机抽取或者采购人和评审专家分别书面推荐的方式邀请不少于 3 家符合相应资格条件的供应商参与竞争性磋商采购活动。这一条规定明确表明，确定竞争性磋商采购的供应商的方式有 4 种，分别为公告方式、在供应商库中随机抽取、采购人推荐、评审专家推荐。参加竞争性磋商采购活动的供应商应不少于 3 家，否则不能进入评审。对参加竞争性磋商采购的供应商的要求具有法定性，不得违背。

可以简单地说，政府采购活动中，除单一来源采购方式以外，其他任何方式，提交投标文件或谈判文件或磋商文件，供应商不足 3 家时，评审活动应当终止。

2. 竞争性磋商采购的特点

1）竞争性磋商采购更适合采购技术、规格、服务时间与数量、价格等内容不确定的对象，包括技术复杂或者性质特殊的，磋商前不能确定采购对象的详细规格或者具体要求的；属于艺术品、专利技术、专有技术等事先无法计算出价格的货物；服务的时间和数量不能事先确定等情况。

2）磋商文件实质性内容可以变动。在磋商采购过程中，磋商小组经采购人代表确认，可以根据磋商文件和磋商情况变动实质性内容。变动内容仅限于采购需求中的技术、服务要求及合同草案条款，不得变动磋商文件中的资格性及其他内容。

3）特殊情形下，通过资格性、符合性审查的供应商只有两家时，也可以评出中标候选人。这个特殊情形是指，采购对象属于市场竞争不充分的科研项目，以及需要扶持的科技成果转化项目。其他类型采购对象的竞争性磋商采购，仍然要求具备 3 家以上合格供应商才能推荐成交供应商。这是竞争性磋商采购的重要特点。

政府购买服务项目（含政府和社会资本合作项目），在采购过程中符合要求的供应商（社会资本）只有两家时，竞争性磋商采购活动可以继续进行。也就是说，竞争性磋商采购的项目如果属于社会资本投资建设的政府购买服务的项目，其供应商有两家是符合要求的，不受上述"特殊情形"限制，该竞争性磋商采购活动不终止，可以继续进行，产生成交候选人。这种利用社会资本投资建设项目，为政府提供某种应用和服务，政府支付给投资人运行费作为利润回报和运维费用的方式，称为社会资本与政府合作建设模式，即 PPP 模式。这种建设投资称为社会资本，这种供应商称为社会资本供应商。这种项目虽然是工程建设，但政府购买的是服务，因此 PPP 模式的采购项目实质属性为服务采购。

这一补充规定有几个要点：一是仅限于政府采购服务项目，对货物采购不适用；二是供应商特指社会资本供应商，而非一般意义的供应商；三是项目建设投资资金是参加竞争的供应商自己的资金，而非来源于财政投资的资金。

4）竞争性磋商采购可以进行多次报价，以最后报价为准。该采购方式采用综合评分法进行评价，其中的价格分统一采用最低价优先法计算，即以满足磋商文件要求且报价最低的供应商的价格作为基准价，其价格分为满分。

5）磋商文件中的设计方案或解决方案可能并不确定。这个问题有两种情况，第 1 种情况是，在磋商文件中能够详细列明采购的技术、服务要求的，磋商结束后，磋商小组应当要求所有实质性响应的供应商在规定时间内提交最后报价，提交最后报价的供应商不得少于 3 家。竞争性磋商与竞争性谈判的评标方法不同，竞争性磋商采购按照综合评分法进行评标，竞争性谈判按照最低评标价法进行评标。

第 2 种情况是，磋商文件不能详细列明采购的技术、服务要求，需由供应商提供最终设计方案或解决方案的，磋商结束后，磋商小组应当按照少数服从多数的原则投票推荐 3 家以上供应商的设计方案或者解决方案，并要求其在规定时间内提交最后报价。由于设计方案或解决方案不同，设备的配置、建设成本也不会相同，形成了报价的不统一。这种情况下，报价分值不能正确反映竞争能力，无论报价分值占比多少都是不科学的，实践中难以操作。

1.5 政府采购评标方法

政府采购的评标方法分为最低评标价法、综合评分法和性价比法。

技术简单或技术规格、性能、制作工艺要求统一的项目，一般采用最低评标价法进行评标。技术复杂或技术规格、性能、制作工艺要求难以统一的项目，一般采用综合评分法进行评标。

1.5.1　最低评标价法

1. 概念

最低评标价法是指以价格为主要因素的评标方法，即在满足招标文件全部实质性要求前提下，依据统一的价格要素评定最低报价，以提出最低报价的投标人作为中标候选人或者中标人。

2. 最低评标价法的评定方法

1）以价格为主要因素，满足招标文件全部实质性要求。

2）以统一的价格要素评定最低报价，提出最低报价的投标人为中标候选人或者中标人。

3）投标报价相同的并列，按招标文件的规定确定一个投标人，招标文件未规定的，采用随机抽取的方式，其他投标无效。

3. 操作要点

1）在招标文件中要根据项目的具体特点确定评标方法、实质性要求和条件（即评标标准）、废标条款。

2）评标标准要明确负偏离可接受的程度，在可接受程度内负偏离加价的比例，酌情考虑正偏离减价的比例。

3）进行技术和商务方面的初审。

4）对通过初审的公司评定评标价。

5）按最低评标价法确定中标（候选）人。

1.5.2　综合评分法

1. 概念

综合评分法是指在最大限度满足招标文件实质性要求的前提下，按照招标文件中规定的各项因素进行综合评审后，以评标总得分最高的投标人作为中标候选人或者中标人的评标方法。

2. 综合评分法的评定方法

1）最大限度满足招标文件实质性要求。

2）按照招标文件中规定的各项因素（标准）进行综合评审。综合评审的主要因素（标准）有：价格、技术、财务状况、信誉、业绩、服务、对招标文件的响应程度，以及各项的比重或者权值等，上述因素应当在招标文件中事先规定。

3）以评标总得分最高的投标人作为中标候选人或者中标人。

4）得分、投标报价相同的，排名并列。

3. 操作要点

1）投标报价得分统一采用低价优先法计算，即满足招标文件要求且投标价格最低的投标报价为评标基准价，其价格分为满分。其他投标人的价格分统一按照下列公式计算：

投标报价得分 = （评标基准价/投标报价）×价格权值×100

2）加分或减分因素及评审标准应当在招标文件中载明。

3）依据综合得分由高到低依次排列推荐中标候选人；当总得分相同时，按投标报价由低到高顺序排列；当总得分相同且投标报价相同时，并列排序。

投标文件满足招标文件全部实质性要求，且按照评审因素的量化指标评审得分最高的投标人为排名第一的中标候选人。当第一候选人自动放弃或者经查证存在虚假中标或存在法律法规禁止参与政府采购活动的事由时，顺延下一顺序候选人为第一中标候选人，以此类推。

4. 限制因素

1）资格条件不能作为评审因素，而资格条件以外的资质不能作为排斥因素。可作为资格条件的有：是国家制度要求强制采购的节能产品；网络安全产品具备国家信息安全产品认证和计算机安全产品销售许可证；网络安全审查制度要求的检测和认证结果；涉密系统信息安全检测证书；法律法规规定的其他行业强制性规定（应当作为资格条件）。

2）规模条件，即注册资本、资产总额、营业收入、从业人员、利润、纳税额等，不能作为资格要求或者评审因素。

3）不以特定行政区域或者特定行业的业绩、奖项作为加分条件或者中标、成交条件。该条规定排斥对象为特定行政区域、特定行业的业绩，特定行政区域、特定行业的奖项，不排斥普遍意义的业绩和奖项。

1.5.3 性价比法

性价比法是指按照要求对投标文件进行评审后，计算出每个有效投标人除价格因素以外的其他各项评分因素（包括技术、财务状况、信誉、业绩、服务、对招标文件的响应程度等）的汇总得分，并除以该投标人的投标报价，以商数（评标总得分）最高的投标人为中标候选人或者中标人的评标方法。

中标候选人按商数由高到低的顺序排列，商数相同的，按投标报价由低到高顺序排列。

1.6 我国建筑工程招标投标的发展与变化

我国的建筑工程招标投标工作，与整个社会的招标投标工作一样，经历了从无到有，从不规范到相对规范，从起步到完善的发展过程。

1. 建筑工程招标投标的起步与议标阶段

20世纪70年代末，我国开始实行改革开放政策，逐步实行政企分开，引进市场机制，工程招标投标开始进入中国建筑行业。到20世纪80年代中期，全国各地陆续成立招标投标管理机构。但当时的招标方式基本以议标为主，在纳入的招标管理项目中约90%是采用议标方式发包的，工程交易活动比较分散，没有固定场所。这种招标方式很大程度上违背了招标投标的宗旨，不能充分体现竞争机制。因此，当时建筑工程招标投标很大程度上还流于形式，招标的公正性得不到有效监督。

2. 建筑工程招标投标的规范发展阶段

这一阶段是我国招标投标发展史上最重要的阶段。20世纪90年代，全国各地普遍加强了对招标投标的管理和规范工作，也相继出台了一系列法规和规章，招标方式已经从以议标为主转变到以邀请招标为主，招标投标制度得到了长足的发展，全国的招标投标管理体系已基本形成，为完善我国的招标投标制度打下了坚实的基础。1992年，建设部令第23号文件《工程建设施工招标投标管理办法》颁布。1998年，我国正式施行《中华人民共和国建筑法》，部分省、市、自治区颁布实施地方性《建筑市场管理条例》和《工程建设招标投标管理条例》等细则。

1995年起，全国各地陆续开始建立建设工程交易中心，把管理和服务有效结合起来，初步形成以招标投标为龙头，相关职能部门相互协作的，具有"一站式"管理和"一条龙"服务特点的建筑市场监督管理新模式。同时，工程招标投标专职管理人员队伍不断壮大，全国已初步形成招标投标监督管理网络，招标投标监督管理水平正在不断提高，为招标投标制度的进一步发展和完善开辟了新的道路。工程交易活动已由无形转为有形，由隐蔽转为公开。招标工作的信息化、公开化和招标程序的规范化，对遏制工程建设领域的违法行为和在全国推行公开招标创造了有利条件。

3. 建筑工程招标投标的不断完善阶段

随着建设工程交易中心的有序运行和健康发展，全国各地开始推行建筑工程项目的公开招标。2000年《招标投标法》实施后，招标投标活动步入法制化轨道，全社会依法招标投标意识显著增强，招标采购制度逐渐深入人心，配套法规逐步完备，招标投标活动的主要内容和重点环节基本实现了有法可依、有章可循，标志着我国招标投标的发展进入了全新的历史阶段。

《招标投标法》使我国的招标投标法律、法规和规章不断完善和细化，招标程序不断规范，必须招标和必须公开招标的范围得到了明确，招标覆盖面进一步扩大和延伸，工程招标已从单一的土建安装延伸到道桥、装潢、建筑设备和工程监理等领域。根据我国投资主体的特点，《招标投标法》明确规定了我国的招标方式不再包括议标方式。这是个重大的转变，标志着我国招标投标的发展进入了全新的历史阶段。

4. 建筑工程招投标的成熟阶段

2008年6月18日，国家发展和改革委员会等十部委联合发布《关于印发〈招标投标违法行为记录公告暂行办法〉的通知》（发改法规〔2008〕1531号），自2009年1月1日起实行。

2011年11月30日，通过了《招标投标法实施条例》。认真总结了我国招投标实践过程中的各种问题，对工程建设项目的概念、招投标监管、具体操作等方面的问题进行了细化，更具备可操作性。

2013年2月4日，国家发展和改革委员会等八部委联合发布《电子招标投标办法》及其附件《电子招标投标系统技术规范》，自2013年5月1日起施行。推行电子招投标，可利用技术手段解决弄虚作假、暗箱操作、串通投标、限制排斥潜在投标人等突出问题。

第2章 建筑工程招标

本章知识导图

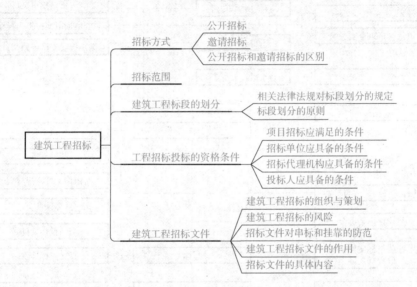

2.1 招标方式

为了规范招标投标活动，保护国家利益、社会公共利益以及招标投标活动当事人的合法权益，《招标投标法》规定招标方式有两种，即公开招标和邀请招标。

2.1.1 公开招标

1. 公开招标的概念

公开招标又称无限竞争性招标，是指由招标单位通过公众媒介（报刊、广播、电视、场所公示栏等）发布招标公告，有投标意向的投标单位（设计院、监理公司、承包商、供应商等）参加资格审查，审查合格的投标单位可购买或领取招标文件，参加投标的招标方式。按照竞争的程度不同，公开招标可分为国际竞争性招标和国内竞争性招标两类。公开招标的程序如图 2-1 所示。

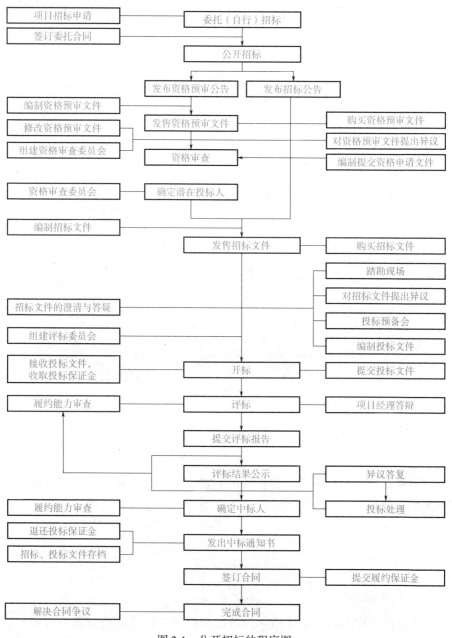

图 2-1　公开招标的程序图

2. 公开招标的优缺点

（1）优点

1）公开招标是程序最完整、最规范、最典型的招标方式。公开招标形式严，步骤完整，运作环节环环相扣。在我国，公开招标是最常用的招标方式。

2）有利于招标人获得最合理的投标报价，取得最佳投资效益。由于公开招标是无限竞争性招标，竞争相当激烈，使招标人能切实做到"货比多家"，有充分的选择余地，招标人利用投标人之间的竞争，一般都易选择出质量好、工期短、价格合理的投标人承建工程，使自己获得较好的投资效益。

3）公开招标竞争范围广，有利于学习国外先进的工程技术及管理经验。

4）有利于为潜在的投标人提供均等的机会。公开招标能够保证所有合格的投标人都有机会参加投标，都以统一的客观标准衡量自身的生产条件，体现出竞争的公平性。

5）公开招标是根据预先制定且众所周知的程序和标准公开而客观地进行，因此能有效防止招标投标过程中腐败情况的发生。

（2）缺点

1）竞争激烈。公开招标的投标人数较多，只要承包商通过资格审查便可参加投标，在实际招标中，参与公开招标的承包商常常少则十几家，多则几十家，甚至上百家，因而竞争程度最为激烈。

2）所需费用较高、花费时间较长。由于竞争激烈，程序复杂，组织招标和参加投标需要做的准备工作和需要处理的实际事务比较多，需要投入较多的人力、物力，特别是编制、审查有关招标投标文件的工作量十分繁重。

2.1.2 邀请招标

1. 邀请招标的概念

邀请招标是指招标人以投标邀请书的方式邀请特定的法人或者其他组织投标。邀请招标，也称选择性招标，是由招标人通过市场调查，根据供应商或承包商的资信和业绩，选择一定数目的法人或者其他组织（不能少于 3 家，不多于 10 个），向其发出投标邀请书，邀请他们参加投标竞争，招标人按规定的程序和办法从中择优选择中标人的招标方式。邀请招标的流程如图 2-2 所示。

2. 邀请招标的优缺点

优点：能够邀请到有经验且资信可靠的投资者投标，参加竞争的投标商数目可由招标单位控制，目标集中，招标的组织工作较容易，工作量比较小。

缺点：由于参加的投标单位相对较少，竞争性范围较小，招标单位对投标单位的选择余地较少，如果招标单位在选择被邀请的承包商时掌握信息资料不足，则可能失去发现最适合承担该项目的承包商的机会。

2.1.3 公开招标和邀请招标的区别

两种方式的主要区别如下：

1）发布信息的方式不同。公开招标采用刊登资格预审公告或招标公告的方式；邀请招标不发布招标公告，只采用发出投标邀请书的方式。

2）选择和邀请的范围不同。公开招标使用的是公告的形式，针对的是一切潜在的对招标项目感兴趣的法人或其他组织，招标人事先不知道投标人的数量。邀请招标针对的是招标人已经了解的法人或其他组织，而且事先已经知道投标人的数量。

3）竞争的范围不同。公开招标使所有符合条件的法人或其他组织都有机会参加投标，竞争的范围较广，竞争性体现得也比较充分，招标人拥有的选择余地较大，容易获得良好的招标效果。邀请招标中，投标人的数量有限，竞争的范围也相对较窄，招标人拥有的选择余地相对较小，工作稍有不慎可能就提高了中标的合同价，如果市场调查不充分，还有可能将某些在技术上或报价上更有竞争力的供应商或承包商遗漏在外。

4）公开的程度不同。公开招标中，所有的活动都必须严格按照预先指定且为大家所知的程序和标准公开进行，大大减少了作弊的可能。相比之下，邀请招标的公开程度差一些，可能产生不法行为的机会也相对多一些。

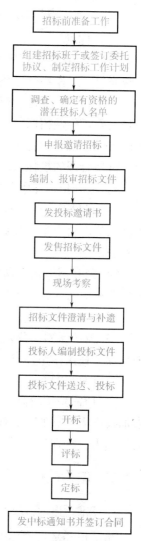

图 2-2　邀请招标的流程图

5）时间和费用不同。公开招标的程序比较复杂，从发布招标公告（有的还要有资格预审时间）、投标、开标、评标、定标到签订合同，其中有许多时间上的要求，应当预留出足够的时间，同时还要准备相当多的文件，费用也相对比较高。邀请招标由于不需要发布招标公告，招标文件直接送交受邀请的投标人，整个招标过程时间相对较短，减少了招标活动中的一些具体事务性工作，降低了工程建设的社会成本，招标费用也相应较少。

2.2 招标范围

依法必须进行招标的工程建设项目的具体范围和规模标准，由国家发展和改革委员会会同国务院有关部门制定，报国务院批准后公布施行。

1. 强制招标的范围

我国《招标投标法》第 3 条规定，凡在中华人民共和国境内进行下列工程建设项目，包括项目的勘察、设计、施工、监理以及与工程建设有关的重要设备、材料等的采购，必须进行招标：

1）大型基础设施、公用事业等关系社会公共利益、公众安全的项目。

2）全部或者部分使用国有资金投资或者国家融资的项目。

3）使用国际组织或者外国政府贷款、援助资金的项目。

法律或国务院对必须进行招标的其他项目的范围有规定的，则依照其规定。

在上述规定的指导下，全国各省市等地方有关部门关于建设工程招标范围都有自己具体的规定。对于位于具体地点的工程的招标范围，应依据当地具体规定确定。

《招标投标法》第 6 条规定：依法必须进行招标的项目，其招标投标活动不受地区或者部门的限制。任何单位和个人不得违法限制或者排斥本地区、本系统以外的法人或者其他组织参加投标，不得以任何方式非法干涉招标投标活动。

2. 可以不进行招标的建设工程项目

《招标投标法》规定：涉及国家安全、国家秘密、抢险救灾或者属于利用扶贫资金实行以工代赈、需要使用农民工等特殊情况，不适宜进行招标的项目，按照国家有关规定可以不进行招标。《招标投标法实施条例》规定，除《招标投标法》规定的可以不进行招标的特殊情况外，有下列情形之一的，可以不进行招标：

1）需要采用不可替代的专利或者专有技术。

2）采购人依法能够自行建设、生产或者提供。

3）已通过招标方式选定的特许经营项目，投资人依法能够自行建设、生产或者提供。

4）需要向原中标人采购工程、货物或者服务，否则将影响施工或者功能配套要求。

5）国家规定的其他特殊情形。

3. 依法必须公开招标的项目

《招标投标法实施条例》规定，国有资金占控股或者主导地位的依法必须进行招标的项目，应当公开招标。

4. 应公开招标可进行邀请招标的条件

《招标投标法实施条例》规定，依法必须公开招标的项目有下列情形之一的，可以进行邀请招标：

1）技术复杂，有特殊要求或者受自然环境限制，只有少量潜在投标人可供选择。

2）采用公开招标方式的费用占项目合同金额的比例过大。

涉及国家安全、国家秘密、抢险救灾的，适宜招标但不宜公开招标的，以及法律法规规定不宜公开招标的，采用邀请招标。

2.3 建筑工程标段的划分

2.3.1 相关法律法规对标段划分的规定

标段是指一个建设项目为招标和建设施工的方便，分为几个更小的子包或项目来进行招标或建设。国家对标段的划分在《工程建设项目施工招标投标办法》中有一个比较宏观的规定，即施工招标项目需要划分标段、确定工期的，招标人应当合理划分标段、确定工期，并在招标文件中载明，对工程技术上紧密相连、不可分割的单位工程不得分割标段。

此外，一些部委和地方政府建设行政主管部门对标段的划分也做了一些具体的规定。

2.3.2 标段划分的原则

对需要划分标段的招标项目，招标人应当合理划分标段。一般情况下，一个项目应当作为一个整体进行招标。但是，对于大型的项目，作为一个整体进行招标将大大降低招标的竞争性，甚至可能流标，或延长建设周期，也不利于建设单位对中标人的管理，因为符合招标条件的潜在投标人数量太少。这时就应当将招标项目划分成若干个标段分别招标。但也不能将标段划分得太小，太小的标段将失去对实力雄厚的潜在投标人的吸引力。例如，建筑项目一般可以分解为单位工程及特殊专业工程分别招标，但不允许将单位工程肢解为分部、分项工程进行招标。标段的划分是招标活动中较为复杂的一项工作，应当综合考虑以下几个因素。

1. 招标项目的专业性要求

招标项目各部分内容的专业要求接近，则该项目可以考虑作为一个整体进行招标。如果该项目各部分内容的专业要求相距甚远，则应当考虑划分为不同的标段分别招标。例如，一个项目中的土建和设备安装就应当分别招标。

2. 招标项目的管理要求

有时一个项目的各部分内容相互干扰不大，方便招标人进行统一管理，这时就可以考虑对各部分内容分别招标。反之，如果承包商之间的协调管理十分困难，则应当考虑将整个项目发包给一个承包商，由该承包商分包后统一进行协调管理。

3. 招标项目对工程投资的影响

标段划分对工程投资也有一定的影响。这种影响由多方面因素造成，其中直接影响是管理费的变化。一个项目作为一个整体招标，承包商需要进行分包，分包的价格在一般情况下没有直接发包的价格低。但一个项目作为一个整体招标，有利于承包商进行统一管理，人工、机械设备、临时设施等可以统一使用，又可能降低费用。因此，应当具体情况具体分析。

4. 工程各项工作的衔接程度

在划分标段时应当考虑项目在建设过程中的时间和空间的衔接，应当避免产生平面或者立面的交接工作责任的不清晰。如果建设项目各项工作的衔接、交叉和配合少，责任清楚，则可考虑分别发包；反之，则应考虑将项目作为一个整体发包给一个承包商。此时由一个承包商统一进行协调管理，容易做好衔接工作。

2.4　工程招标投标的资格条件

2.4.1　项目招标应满足的条件

依法必须招标的工程建设项目，应当具备下列条件才能进行施工招标：

1）招标人已经依法成立。

2）初步设计及概算应当履行审批手续的，已经批准。

3）有相应资金或资金来源已经落实。

4）有招标所需的设计图纸及技术资料。

施工招标可以采用项目的全部工程招标、单位工程招标、特殊专业工程招标等办法，禁止对单位工程的分部、分项工程进行招标。

2.4.2　招标单位应具备的条件

《工程建设项目自行招标试行办法》中规定，招标人是指依照法律规定进行工程建设项目的勘察、设计、施工、监理以及与工程建设有关的重要设备、材料等招标的法人。招标人若具有编制招标文件和组织评标能力，则可自行办理招标事宜，并向有关行政监督部门备案。招标人自行办理招标事宜，应当具有编制招标文件和组织评标的能力，具体包括：

1）具有项目法人资格或法人资格。

2）具有与招标项目规模和复杂程度相适应的工程技术、概预算、财务和工程管理面专业技术力量。

3）有从事同类工程建设项目招标的经验。

4）设有专门的招标机构或者拥有3名以上专职招标业务人员。

5）熟悉和掌握《招标投标法》及相关法律法规。

招标人自行招标的，项目法人或者组建中的项目法人应当向国家发展和改革委员会上报项目可行性研究报告或者资金申请报告，项目申请报告时，一并报送书面材料。报送的书面材料应当至少包括以下部分：

1）项目法人营业执照、法人证书或者项目法人组建文件。

2）与招标项目相适应的专业技术力量。

3）取得招标职业资格的专职招标业务人员的基本情况。

4）拟使用的专家库情况；以往编制的同类工程建设项目招标文件和评估报告。

5）招标业绩的证明材料以及其他材料。

2.4.3　招标代理机构应具备的条件

招标人没有条件进行自行招标的，或有条件但招标人不准备自行招标的，可以委托招标机构进行代理招标。招标人应当与被委托的招标代理机构签订书面委托合同，合同约定的收费标准应当符合国家有关规定。我国《招标投标法》规定，招标人有权自行选择招标代理机构，招标代理机构应当在招标人委托范围内办理招标事宜。

招标代理机构必须是依法设立、从事招标代理业务并提供相关服务的社会中介组织，招标代理机构应当具备下列基本条件：

1）有从事招标代理业务的营业场所和相应资金。

2）有能够编制招标文件和组织评标的相应专业力量。

3）有符合《招标投标法》规定条件、可以作为评标委员会成员人选的技术、经济等方面的专家库。

4）有健全的组织机构和内部管理的规章制度。

招标代理机构应当拥有一定数量的，取得招标职业资格的专业人员。取得招标职业资格的具体办法由国务院人力资源社会保障部门会同国务院发展改革部门制定。招标代理机构与行政机关和其他国家机关不得存在隶属关系或者其他利益关系。

2.4.4　投标人应具备的条件

1）必须有与招标文件要求相适应的人力、物力和财力。

2）必须有符合招标文件要求的资质证书和相应的工作经验与业绩证明。

3）符合法律、法规规定的其他条件。

【案例 2-1】某地产公司打算在河南省信阳市开发 $60000m^2$ 的住宅项目，可行性研究报告尚未通过国家计委批准，资金为自筹方式，资金尚未完全到位，仅有初步设计图纸，因急于开工，组织销售，在此情形下决定采用邀请招标的方式，随后向 7 家施工单位发出了投标邀请书。

问题：

1. 建设工程施工招标的必备条件有哪些？

2. 本项目在上述条件下是否能够进行工程施工招标？

3. 通常情况下，哪些工程项目适宜采用邀请招标的方式进行招标？

【案例分析】

1. 建设工程施工招标的必备条件有：

1）招标人依法成立。

2）初步设计及概算应当履行审批手续的，已经批准。

3）招标范畴、招标方式和招标组织形式等应当履行核准手续的，已经批准。

4）有相应资金或资金来源已落实。

5）有招标所需的设计图纸及技术资料。

2. 该项目在上述条件下不能进行工程施工招标，因为：

1）资金未落实。

2）可行性研究报告未通过批准。

3）设计图纸不完整。

4）宜采用公开招标。

3. 有以下情形之一的，经批准能够进行邀请招标：

1）项目技术复杂或有专门要求，只有少量几家潜在投标人可供选择。

2）受自然地域环境限制的。

3）涉及国家安全、国家秘密或者抢险救灾，适宜招标但不宜公布招标的。

4）拟公布招标的费用与项目的价值相比，不值得的工程项目。

5）法律、法规规定不宜公开招标的。

2.5　建筑工程招标文件

2.5.1　建筑工程招标的组织与策划

建筑工程项目招标的目的是在工程项目建设中通过引入竞争机制，择优选定勘察、设计、监理、工程施工、装饰装修、材料设备供应等承包服务单位，确保工程质量，合理缩短工期，节约建设投资，提高经济效益，保护国家、社会公共利益和招标投标当事人的合法权益。做好工程项目招标前期的组织与策划工作是招标人在工程建设过程中的第一步。

1. 建筑工程项目招标的组织

建筑工程项目招标的组织实施，视项目法人的技术和管理能力，可以采用自行招标和委托代理招标两种方式。

（1）自行招标　自行招标是指招标人利用内部机构依法组织实施招标投标活动全过程。采用自行招标方式组织实施招标时，招标人应当在向计划发改部门上报项目可行性研究报告时，将项目的招标组织方式报请核准。自行招标时，招标人应具备的能力以及所需要报备的材料见2.4节的内容。

（2）代理招标　根据招标内容的性质不同，对招标代理机构的资格和业务范围作了不同的要求：建设项目的设备、货物和相应的服务由采购代理机构代理，工程项目勘察、设计、监理、施工等招标应委托工程招标代理机构代理。采购代理机构的资格认定由财政部或省级财政行政主管部门负责，工程招标代理机构由国务院建设行政主管部门或者省、自治区、直辖市建设行政主管部门对其进行资格认定和颁发资格证书。

工程招标代理机构分为甲级、乙级和暂定级三个等级，其业务范围如表2-1所示。

表 2-1 工程招标代理机构资格等级划分

等级	招标代理业务范围
甲级	甲级工程招标代理机构可以承担各类工程招标代理业务
乙级	乙级工程招标代理机构只能承担工程总投资 1 亿元人民币以下的工程招标代理业务
暂定级	暂定级工程招标代理机构只能承担工程总投资 6000 万元人民币以下的工程招标代理业务

招标代理机构拥有的权力：

1）按规定收取招标代理报酬。

2）对招标过程中应由招标人做出的决定，招标代理机构有权提出建议。

3）当招标人提供的资料不足或不明确时，有权要求招标人补足材料或做出明确的答复。

4）拒绝招标人提出的违反法律、行政法规的要求，并向招标人做出解释。

5）有权参加招标人组织的涉及招标工作的所有会议和活动。

6）对编制的所有文件拥有知识产权，委托人有使用或复制的权利。

招标代理机构的义务：

1）遵守法律、法规、规章、方针和政策。建设工程招标代理机构的代理活动必须依法进行，违法或违规、违章的行为，不仅不受法律保护，还要承担相应的法律责任。

2）维护委托人的合法权益。代理人从事代理活动，必须以维护委托人的合法权利和利益为根本出发点和基本的行为准则。因此，代理人在承接代理业务和进行代理活动时，必须充分考虑保护委托人的利益，始终把维护委托人的合法权益放在代理工作的首位。

3）组织编制、解释招标文件，对代理过程中提出的技术方案、计算数据、分析结论等内容的科学性和正确性负责。

4）接受招标投标管理机构的监督管理和招标行业协会的指导。

5）履行依法约定的其他义务。

2. 建筑工程项目招标的策划

工程项目招标策划是指根据《招标投标法》、相关的法律法规和各级行政主管部门招标投标管理的规章文件，在招标前期拟定工程项目招标计划，确定招标方式、招标范围，确定计价方式，提出对投标人的相关要求，拟定招标合同条款，确保优选中标人的一系列工作。

（1）工程项目招标计划 工程项目招标可以根据工程性质和需要，勘察、设计、施工、供货一起招标，也可以勘察、设计、施工、物资供应、设备制造、监理等分别进行招标。分工作性质招标时，应根据基本建设程序上一阶段工作的完成情况，在具备招标条件后进行。招标人应根据工程项目审批时核准的招标方式、投资阶段和资金到位计划、建设工期、专业划分、潜在投标人数量和工程项目实际情况，制订招标计划，包括标段划分、招标内容和范围、计划招标时间、招标方式等。

（2）工程项目招标范围　工程项目招标范围的确定见本章 2.2 节。

（3）确定计价方式　《建筑工程施工发包与承包计价管理办法》规定：合同价采用三种计价方式即固定价、可调价和成本加酬金。建筑工程承包合同的计价方式按国际通行做法，可分为总价合同、单价合同和成本加酬金合同。招标人在拟定合同计价方式时，应根据建筑工程的特点，结合工程项目前期的进展情况，对工程投资、工期和质量的要求等进行综合考虑后确定。

招标人可根据以下内容确定计价方式：

1）工程项目的复杂程度。规模大且技术复杂的工程项目的承包风险较大，工程造价的分析难度也大，不宜采用固定价方式。对于施工图样齐全、工艺清晰、能准确描述项目特征、可基本准确分析综合单价的项目，可以采用固定总价或固定单价的方式；对于施工图样不齐全但工艺清晰、能准确描述项目特征、可准确分析综合单价的项目，可采用固定单价的方式；对于无法分析综合单价的项目，可采用成本加酬金或暂定金的方式计价。

2）工程设计工作深度。工程招标时所依据的设计文件的深度，决定了能否明确工程的发包范围，能否准确计算工程量和描述工程项目特征。招标图样的深度和工程量清单的详细准确程度，会影响投标人的合理报价和评标委员会评标。

3）工程施工的难易程度。当工程设计较大部分采用新技术和新工艺，招标人和投标人都没有新技术的经验，且在国家颁布的标准、规范、定额中又没有可作为依据的标准，行业也没有经验数据可供参考时，为了避免投标人盲目地提高承包价格，或由于对施工难度估计不足导致严重亏损，进而出现无法履约情况，不宜采用固定总价（或固定单价）的方式，比较保险的做法是采用成本加酬金计价方式。

4）工程进度要求的紧迫程度。在招标过程中，一些紧急工程（如灾后恢复工程）要求尽快开工且工期较紧，可能仅有实施方案，还没有施工图样，因此不能让投标人报出合理的价格。在这种情况下，若工程简单，建设标准能够明确，则可以在描述组成项目的特征时，采用固定单价的方式。若都无法明确，可采用成本加酬金的方式，也可以采用以政府指导价为基数，投标人提出下浮让利率的方式计价。

（4）对投标人的相关要求和评标办法的策划　在招标策划时，为优选中标人，可采用资格预审和资格后审的办法。招标人为了找到优质、理想的中标人和得到合适的投标价格，在招标策划时，应充分预见可能出现的不同情况，提出详细的评标办法和评标标准。评标办法和评标标准的设置要符合法律法规的规定，不得不按工程性质和特点的需要提高标准，排斥潜在投标人，也不得降低要求。

(5) 建设工程施工招标时间界限 如图 2-3 所示。

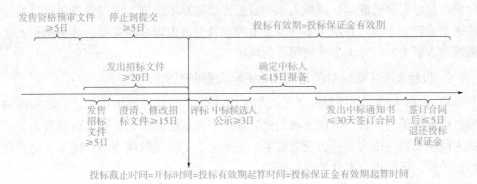

图 2-3 建设工程施工招标时间界限的划分

2.5.2 建筑工程招标的风险

招标人在招标过程中向投标人做出要约邀请和承诺，依法签订经济合同。在整个招标过程中，招标人、投标人双方都受法律保护。因为招标文件和中标通知书是合同的附件，所以招标人在工程项目招标过程中要非常严谨，注意规避风险。

招标人在招标过程中的风险主要有：投标者之间串通投标、哄抬价格；因招标文件要求不明确导致投标产品达不到使用标准要求，而又无法废标；投标人的技术力量、经济能力不能正常履约，拖延工期；工程量清单不准，投标人采用不平衡报价引起工程造价增加；招标文件及拟定的合同不够严谨，导致中标人后期在费用和工期方面索赔。以上风险可归纳为围标（串标）、负偏差、不正常履约、不平衡报价、索赔。

1. 招标文件表达不准确带来的风险

招标投标遵循公开、公平、公正的原则，必须按照法律法规规定的程序和要求进行。招标文件应该将招标人对所需产品的名称、规格、数量、技术参数、质量等级要求、工期、保修服务要求和时间等各方面的要求和条件完全准确地表述在招标文件中。

根据《评标委员会和评标方法暂行规定》，评标委员会应当根据招标文件规定的评标标准和方法，对投标文件进行系统的评审和比较；招标文件中没有规定的标准和方法不得作为评标的依据。在编制招标文件时应当充分了解项目的特点和需要，并要求项目前期筹备单位、使用单位、主管部门、行业协会等多单位参与招标文件的编制、研讨会审、修订工作，做到详、尽、简。

工程量清单作为招标文件的组成部分，其准确性和完整性由招标人负责，投标价由投标人自己确定。招标人承担着工程量计算不准确、工程量清单项目特征描述不清楚、工程项目组成不齐全、工程项目组成内容存在漏项、计量单位不正确等因素带来的投标人不平衡报价的风险。

2. 投标人不平衡报价的方式和给招标人带来的风险

1）投标人按工程项目开展的先后，将先开工的项目报价提高，后期实施的项目报价降低，让自己前期能收到比实际更多的进度款和结算款。这样增加了招标人前期的资金压力和项目资金成本，也加大了中标人后期违约，招标人对其在经济手段上不能进行有效控制的风险。

2）工程量数量较图样中所示的少。对于工程量建设必须调整的项目，投标人将提高投标报价，以获得更高的利润空间，反之投标人将会降低投标报价，这样在结算时减少的金额将会较小。

3）工程项目特征描述与图样不一致，对于以后按图样实施的需要调整的项目，投标人将降低投标报价或在综合单价分析时将错误的、与实际不一致的材料的用量和价格尽量降低，在实施过程中再提出综合单价调整金额过高，进行高价索赔。

4）对于没有工程量的项目，只报综合单价的项目，因为工程量为零，这时投标报价对总价不产生影响，不影响中标。投标人将提高投标报价，在实际施工时，可有高额利润空间。

5）对于工程量数量很大的项目，投标人在进行综合单价分析时，会对人工费、机械费、管理费和利润降低报价，将材料费尤其是主要材料报价降低。

3. 预防招标人不平衡报价的方法

不平衡报价是招标过程中难以完全避免的风险，但可以根据以下方法去降低不平衡报价所带来的风险。

1）提高招标图样的设计深度和质量。招标图样是招标人编制工程量清单和投标人投标报价的重要依据。目前，大部分工程招标投标时的设计图还不能满足施工需要，在施工过程中还会出现大量的补充设计和设计变更，导致招标的工程量清单跟实际施工的工程量相差较远。因此，招标人要认真审查图样的设计深度和质量，避免出现边设计、边招标的情况，尽可能使用施工图招标，从源头上降低工程变更的可能，工程变更的程序如图 2-4 所示。

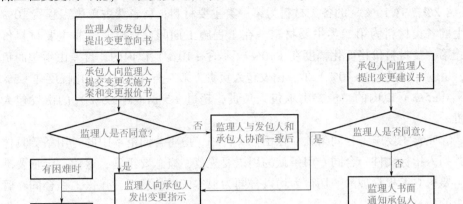

图 2-4　工程变更的程序

2）提高造价咨询单位的工程量清单编制质量。不平衡报价一般是抓住了工程量清单中漏项、计算失误等错误，因此，要安排有经验的造价工程师负责该工作，以防给不平衡报价留有余地。工程量清单的编制要尽可能周全、详尽、具有可预见性。同时，编制工程量清单时，要求数量准确，避免错项和漏项，防止投标单位利用清单中工程量可能出现的变化进行不平衡报价。工程量清单必须清楚、全面、准确地描述出每一个项目的特征，需要投标人完成的工程内容要描述得准确详细，以便投标人全面考虑完成清单项目所要发生的全部费用，避免由于描述不清引起理解上的差异，造成投标人报价时出现不必要的失误，进而影响招标投标工作的质量。

3）在招标文件中增加关于不平衡报价的限制要求。

①限制不平衡报价中标。在招标文件中，可以写明对各种不平衡报价的惩罚措施。例如，某分部分项的综合单价不平衡报价幅度超出临界值时（具体工程具体设定，一般临界值不大于 10%，国际工程可以接受不大于 15%），该标书被视为废标。

②控制主要材料价格。招标人要掌握工程涉及的主要材料的价格，在招标文件中，对于特殊的大宗材料，可提供适中的暂定价格（政府指导价），并在招标文件中明确对涉及暂定价格项目的调整方法。

采用固定价招标的，应在招标文件中明确以下内容：材料费占单位工程费

2%以下（含2%）的各类材料为非主要材料；材料费占单位工程费2%～10%（不含2%，含10%）的各类材料为第一类主要材料；材料费占单位工程费10%以上的各类材料为第二类主要材料。在工程施工期间，禁止调整非主要材料价格；第一类材料价格变化幅度在±10%（不含±10%）以内的，价差由承包商负责，超过±10%（含±10%）的，由发包人负责；第二类材料价格变化幅度在±5%（不含±5%）以内的，价差由承包人负责，超过±5%（含±5%）的由发包人负责。

③完善主要施工合同条款。在招标文件中，应将合同范本中的专用条款具体化并列入招标文件。合同专用条款的用语要规范，概念要正确，定性、定量要准确，要树立工程管理的一切行为均以合同为根本依据的意识，强化工程合同在管理中的核心地位。

在招标文件中，应明确综合单价在结算时一般不作调整。在专项条款中应明确，当实际发生的工程量与清单中的工程量相比较，分部分项工程量变更超过15%且该分部分项工程费超过分部分项工程量清单计价的1%时，增加或减少部分的工程量综合单价由承包人提供。另外，还应对该分项的综合单价重新组价，同时明确相应的组价方法，经发包人确认后作为结算依据，避免双方可能因此产生不公平的额外支付。

在招标文件中，应明确规定招标范围内的措施项目的报价，竣工结算时不调整。

4）工程项目开标、评标工作是克服不平衡报价的核心。目前，开标、评标时基本上会针对不同的项目特征，采用不同的评标和定标方法，主要有经评审的最低投标价法、综合评估法、综合评分法等，评审要求为：

①符合性评审。在详细评标之前，评标委员会将首先审定每份投标文件是否实质上与招标文件的所有规定要求相符合。实质上不符合要求的投标文件，招标单位将予以拒绝，不再详细评审。

②工程总价评审。总价评审依据的是评标基准价（以有效投标人的报价为基础计算的平均值），属于社会平均先进水平而不以社会平均水平（标底）取定。

③分部分项工程综合单价评审。当需要对所有综合单价进行评审时，可以把工程量大、价值较高以及在施工过程中易出现变更的分部分项工程的综合单价作为评审的重点。评审的数目不得少于分部分项工程清单项目数的20%，且不少于10项，应按各分部工程所占造价的大体比重抽取其分项工程的项目数，单项发包的专业工程可另定。

④主要材料和设备价格评审。一般把招标文件中提到的用量大且又对投标报价有较大影响的材料和设备作为评审的重点，抽取的数目不少于表中材料和设备总数目的50%，或全部评审（当数目较少时）。

⑤措施项目费评审。将招标文件所列的全部措施项目费作为一个整体进行评审，不再单独抽取。

不平衡报价是招标人在工程招标投标过程中需要防范的主要风险之一。在这种情况难以完全避免的前提下，招标人要防范不平衡报价，以降低不平衡报价带来的风险。确定综合单价的合理报价范围，通过控制其报价幅度来识别不平衡报价是更为简明、实用、快捷的方法。同时，不平衡报价还可以通过提高招标图样的设计深度和质量、工程量清单编制质量来限制不平衡报价中标，以及完善合同条款，回避可能出现的风险。

2.5.3　招标文件对串标和挂靠的防范

串标是一种投标人相互之间或者投标人与招标人之间为了个人或小团体的利益，不惜损害国家、社会、招标人和其他投标人的利益而互相串通，人为操纵投标报价和中标结果，进行不正当竞争的违法行为。串标不仅严重干扰和破坏了招标投标活动的正常秩序，而且还人为地哄抬投标报价，损害了国家、集体、招标人和其他投标人的利益，甚至最终让技术力量较差、管理水平较低的投标人中标，导致工程质量、工期、施工安全无法得到保证。

1. 禁止投标人相互串通投标

《招标投标法》规定，投标人不得相互串通投标报价，不得排挤其他投标人的公平竞争，不得损害招标人或者其他投标人的合法权益。

《招标投标法实施条例》进一步规定，禁止投标人相互串通投标。具体判断标准如表 2-2 所示。

表 2-2　投标人相互串通投标的情形

属于投标人相互串通投标	投标人之间协商投标报价等投标文件的实质性内容
	投标人之间约定中标人
	投标人之间约定部分投标人放弃投标或者中标
	属于同集团、协会、商会等组织的投标人按照该组织要求协同投标
	投标人之间为谋取中标或者排斥特定投标人而采取的其他联合行动
视为投标人相互串通投标	不同投标人的投标文件由同一单位或者个人编制
	不同投标人委托同一单位或者个人办理投标事宜
	不同投标人的投标文件载明的项目管理成员相同
	不同投标人的投标文件异常一致或者投标报价呈规律性差异
	不同投标人的投标文件相互混装
	不同投标人的投标保证金从同一单位或者个人的账户转出

2. 禁止招标人与投标人串通投标

《招标投标法》规定，投标人不得与招标人串通投标，不得损害国家利益、社会公共利益或者他人的合法权益。《招标投标法实施条例》进一步规定，禁止招标人与投标人串通投标。有下列情形之一的，属于招标人与投标人串通投标（表2-3）。

表2-3 招标人与投标人串通投标的情形

招标人与投标人串通投标	招标人在开标前开启投标文件并将有关信息泄露给其他投标人
	招标人直接或者间接向投标人泄露标底、评标委员会成员等信息
	招标人明示或者暗示投标人压低或者抬高投标报价
	招标人授意投标人撤换、修改投标文件
	招标人明示或者暗示投标人为特定投标人中标提供方便
	招标人与投标人为谋求特定投标人中标而采取的其他串通行为

3. 对串标的防范对策

（1）掌握串标形式和经常参与串标的企业信息 招标人要加强与监察、发改、建设、交通、水利、财政等部门的信息沟通与工作协调，掌握串标形式和经常参与串标的企业的信息，采取相应的措施加以防范。

（2）在招标文件中制订串标行为的具体认定标准 按照有关法律法规精神，参考国内外的相关做法，根据工程建设招标投标工作的实际情况，明确串通投标行为的具体认定条件，并将其列入招标文件的废标条款中。例如，有下列情形的可按废标处理：

1）不同投标人的投标文件中列出的人工费、材料费、机械使用费、管理费及利润的价格构成，部分或全部雷同的。

2）不同投标人的施工组织设计方案基本雷同的。

3）开标前已有人反映情况，开标后发现各投标人的报价等与反映情况吻合的。

4）对于不同投标人的投标文件，评标委员会认为不应雷同的（文字编排、文字内容、文字及数字错误等）。

（3）采用资格后审方式及其他措施

1）取消资格预审，非技术特别复杂和有特殊要求的工程招标均实行资格后审。

2）要求参与招标投标活动的投标单位工作人员必须是投标单位正式人员。

3）投标单位参与投标报名、资格审查、项目开标等环节的工作人员必须提供报名申请表、单位介绍信、授权委托书、身份证以及与投标单位签订的正式劳动合同和近三个月以上的社保证明原件。

4）投标项目经理及主要技术负责人等项目部主要人员中标后必须实行压证上岗制度，并提供与投标单位签订的劳动合同等相关资料原件。

5）适当提高投标保证金的金额，规范投标保证金收取及退还的程序。

6）明确规定投标保证金只能由投标单位账户交纳和退还至投标单位账户，增加违法行为的成本和难度。

（4）采用统一的电子招标投标平台　电子招标投标平台有着其他招标方式不可替代的优势：一是招标人与投标人相互不见面，减少了围标、串标的机会；二是投标人相互不见面，不知道竞争对手是谁，只能托出实盘投标，充分实现公平竞争原则，达到招标投标的目的；三是大大降低招标投标成本，有效减轻招标投标各方的费用负担，增加经济效益和社会效益。

（5）加强对招标工作人员、招标代理机构的监督管理　建立责任追究制，对违反法律法规的人和事，要坚决依法予以处理。按照《招标投标法》和《评标委员会和评标方法暂行规定》，严格规定招标投标程序，提高评标委员会在评标、定标过程中的地位。评标委员会采用在交易中心专家库中随机抽取的方式组建，避免领导直接参与，削弱和减少招标工作人员在评标、定标过程中的诱导和影响作用。加强对招标代理机构的监管，当发现招标代理机构工作人员业务水平低、透露信息、故意设障等情况时，立即更换人员或代理机构，并报招标管理部门和纪检监察部门查处。

4. 对于挂靠的防范对策

（1）严格执行投标人资格审查制度　招标人必须按照招标文件规定的具体要求，对投标人提供的资格审查资料进行逐一审查。投标人的营业执照、资质证书、安全生产许可证、投标保证金出票单位、投标文件印章、项目经理证书、项目经理安全证书的单位名称都必须完全一致。

对投标参加人及项目部成员身份进行核查，重点核查其一年期以上的劳动合同和社会养老保险证明，如果劳动合同、聘用单位或养老保险的缴费单位与投标单位名称不一致，则资格审查时不予通过。同时建议，在项目开标时，要求拟任项目经理必须与项目投标授权代表人到开标现场，在对中标单位发中标通知书之前，必须通知拟任项目经理参加招标人的答辩。

（2）严格执行投标保证金结算管理制度　投标保证金及工程价款的拨付必须通过投标单位基本账户，非现金结算，投标人提交的投标保证金在中标后转为不出借资质的承诺保证金，并且承诺保证金须经招标人核实进场人员后方可退还。招标人核查进场施工管理人员的身份是堵住借资质挂靠的实质性关口，招标人应建立中标单位项目部人员现场检查制度和常规考勤制度。如果发现进场人员与中标项目部人员不符，有借资质挂靠嫌疑的，一经查实，立即取消中标单位的中标资格，其承诺保证金不予退还，而是转入招标人账户。

（3）严格执行中标公示期招标人实地考察制度 面对规模较大的建筑工程招标项目，招标人可在招标文件中写明，将在中标公示期间对中标候选人进行实地考察，主要考察其是否具备履约能力，在投标时提供的业绩证明材料是否属实，项目班子成员有无在建工程等。

（4）将疑似借资质挂靠的情形列入资格预审文件或招标文件条款 对于借资质挂靠的情形，除国家法律法规的规定外，还可以从以下几方面来认定：

1）使用个人资金交付投标保证金或履约保证金。

2）企业除留下管理费外，将大部分工程款转给个人。

3）施工现场的管理人员与投标承诺的人员不一致，或人员未按工程实际进展情况到位。

2.5.4 建筑工程招标文件的作用

建设工程招标文件是建设工程招标投标活动中最重要的法律文件，招标文件的编制是工程施工招标投标工作的核心。它不仅规定了完整的招标程序，而且还提出了各项技术标准和交易条件，列出了合同的主要条款。招标文件是评标委员会评审的依据，也是签订合同的基础，同时还是招标人编制标底的依据和投标人编制投标文件的重要依据。一定程度上，招标文件编制质量的优劣是招标工作成败的关键；投标人理解与掌握招标文件的程度是能否中标并取得赢利的关键。

招标文件是招标人的要约邀请，其中详细列出了招标人对招标项目基本情况的描述、技术规范或标准、合同条件、投标须知等，招标文件也是投标人编制投标文件的基础和依据，同时还是合同文件的主要组成部分。由于合同文件是合同实施过程中合同双方都要严格遵守的准则，也是发生变更、纠纷时进行判断、裁决的标准，可以说招标文件不仅是招标人用于优选承包商的基本文件，也是工程顺利实施的基础。

2.5.5 招标文件的具体内容

编制招标文件是招标工作中的一个重要步骤，它涉及一些经济政策和法规，又是在平等基础上进行投标竞争的具体体现。《招标投标法》第19条规定：招标人应当根据招标项目的特点和需要编制招标文件。招标文件应当包括招标项目的技术要求、投标报价要求和评标标准等所有实质性要求、条件以及拟签订合同的主要条款。

国家对招标项目的技术、标准有规定的，招标人应当按照规定，在招标文件中提出相应要求。招标项目需要划分标段、确定工期的，招标人应当合理划分标段、确定工期，并在招标文件中载明。招标文件是建筑工程招标投标工作的一个指导性文本文件，其内容主要包含招标公告（投标邀请书）、投标人须知、评标办法、合同条款及格式、工程量清单、图纸、技术标准和要求、投标文件格式以及投标人须知前附表规定的其他材料，有关条款对招标文件所做的澄清、修改也构成招标文件的组成部分。

1. 招标公告（投标邀请书）

招标人应当按照招标公告或投标邀请书规定的时间、地点出售招标文件或资格预审文件。自招标文件或资格预审文件出售之日起至停止出售之日止，最短不少于 5 个工作日。招标公告（投标邀请书）的具体内容包括以下 8 条：

1）招标条件。

2）项目概况与招标范围。

3）投标人资格要求。

4）投标报名。

5）招标文件的获取。

6）投标文件的递交。

7）发布公告的媒介。

8）联系方式。

2. 投标人须知

投标人须知是招标文件的重要组成部分，是投标人的投标指南。投标人须知包括投标人须知前附表和正文两部分。投标人须知前附表把投标活动中的重要内容以列表的方式表示出来，投标人须知正文包括的内容较多，如下所示。

（1）总则

1）工程说明：主要说明工程的名称、位置、合同名称等情况，通常见投标人须知前附表所述。招标人填写时应注意以下事项：

a. 填写招标人（或招标代理机构）的名称、地址、联系人和联系电话。联系方式应与招标公告或投标邀请书中的一致。联系电话最好填写两个以上（包括手机号码），以保持联络畅通。

b. 标准招标文件是按照一个标段对应一份招标文件的原则编写的。投标人须知中的招标代理机构应为具体标段的招标代理机构。

c. 项目名称指项目审批、核准机关出具的有关文件中载明的，或备案机关出具的备案文件中确认的项目名称。

d. 建设地点应填写项目的具体地理位置。

2）资金来源：主要说明招标项目的资金来源和使用支付的限制条件。招标人填写时应注意以下事项：

a. 资金来源包括国拨资金、国债资金、银行贷、自筹资金等，由招标人据实填写。

b. 项目的出资比例。

c. 招标人应当有进行招标项目的相应资金，或者资金来源已经落实，并应当在招标文件中如实载明。

3）资质要求与合格条件：这是指对投标人提出的资格要求，投标人参加投标进而中标、被授予合同时，必须具备投标人须知前附表中所要求的资质等级。组成联合体投标的，按照资质等级较低的单位确定资质等级。

投标人不得存在下列情形之一：为招标人不具有独立法人资格的附属机构（单位）；为本招标项目前期准备提供设计或咨询服务的；为本招标项目的监理人；为本招标项目的代建人；为本招标项目提供招标代理服务的；与本招标项目的监理人或招标代理机构同为一个法定代表人的；与本招标项目的监理人或代建人或招标代理机构相互控股或参股的；与本招标项目的监理人或代建人或招标代理机构相互任职或工作的；被责令停业的；被暂停或取消投标资格的；财产被接管或冻结的；在最近三年内有骗取中标、严重违约或重大工程质量问题的。单位负责人为同一人或者存在控股、管理关系的不同单位，不得同时参加本招标项目的投标。

4）招标范围、计划工期和质量要求：招标人应在投标人须知前附表内列出本次招标范围、本标段的计划工期和本标段的质量要求。招标人填写时应注意以下事项：

a. "招标范围"应准确明了，用工程专业术语填写。招标人应根据项目具体特点和实际需要合理划分标段，并据此确定招标范围，避免过细分割工程或肢解工程。

b. "计划工期"由招标人根据项目具体特点和实际需要填写。有适用工期定额的，应参照工期定额合理确定。

c. "质量要求"应根据国家、行业颁布的建设工程施工质量验收标准填写，不能将质量奖项、奖杯等作为质量要求。

5）投标费用：投标人应承担其编制、递交投标文件所涉及的一切费用。无论投标结果如何，招标人对投标人在投标过程中发生的一切费用，都不负任何责任。

6）保密：参与招标投标活动的各方应对招标文件和投标文件中的商业、技术等内容保密，违者应对由此造成的后果承担法律责任。

7）语言文字：除专业术语外，均使用中文，必要时专业术语应附有中文注释。

8）计量单位：所有计量单位均采用中华人民共和国法定计量单位。

9）踏勘现场：投标人须知前附表规定组织踏勘现场的，招标人按投标人须知前附表规定的时间、地点组织投标人踏勘项目现场。投标人应注意以下事项：

a. 投标人踏勘现场发生的费用自理。

b. 除招标人的原因外，投标人自行负责在踏勘现场中发生的人员伤亡和财产损失。

c. 招标人在踏勘现场中介绍的工程场地和周边环境的情况，仅供投标人在编制投标文件时参考，招标人不对投标人据此做出的判断和决策负责。

10）投标预备会：投标人须知前附表规定召开投标预备会的，招标人按投标人须知前附表规定的时间和地点召开投标预备会，澄清投标人提出的问题。以下三点需要注意：

a. 投标人应在投标人须知前附表规定的时间前，以书面形式（包括信函、电报、传真等可以有形表现所载内容的形式，下同）将提出的问题交给招标人，以便招标人在会议期间澄清。

b. 投标预备会后，招标人在投标人须知前附表规定的时间内，将针对投标人所提问题交给的澄清，以书面形式通知所有购买招标文件的投标人。

c. 该澄清内容为招标文件的组成部分。其中还包括分包和偏离的要求。

分包的要求是指，投标人拟在中标后将中标项目的部分非主体、非关键性工作进行分包的，分包行为应符合投标人须知前附表规定的分包内容、分包金额和接受分包的第三人资质要求等限制性条件。

偏离的要求是指，投标人须知前附表允许投标文件偏离招标文件某些要求的，偏离应当符合招标文件规定的偏离范围和幅度。

（2）招标文件

1）招标文件的组成：一般招标文件包括招标公告、投标人须知、评标办法、合同条款及格式、工程量清单、图纸、技术标准和要求、投标文件格式和投标人须知前附表规定的其他材料等。

投标人应仔细阅读和检查招标文件的全部内容，如发现缺页或附件不全，应及时向招标人提出，以便补齐。

2）招标文件的澄清：投标人如有疑问，应在投标人须知前附表规定的时间前，以书面形式要求招标人对招标文件予以澄清。

招标文件的澄清将在投标人须知前附表规定的投标截止时间15天前，以书面形式发给所有购买招标文件的投标人，但不指明问题的来源。如果澄清发出的时间距投标截止时间不足10天，则相应延长投标截止时间。

投标人在收到澄清后，应在投标人须知前附表规定的时间内以书面形式通知招标人，确认已收到该澄清。

3）招标文件的修改：在投标截止时间15天前，招标人可以书面形式修改招标文件，并通知所有已购买招标文件的投标人。如果修改招标文件的时间距投标截止时间不足15天，则相应延长投标截止时间。招标文件澄清、修改时间流程如图2-5所示。

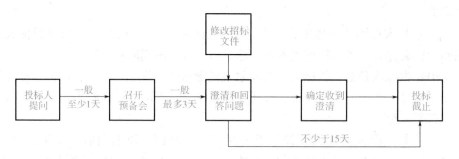

图2-5 招标文件澄清、修改时间流程图

投标人收到修改内容后，应在投标人须知前附表规定的时间内以书面形式通知招标人，确认已收到该修改。

（3）投标文件

1）投标文件的组成：投标函及投标函附录、法定代表人身份证明或附有法定代表人身份证明的授权委托书、联合体协议书、投标保证金、已标价工程量清单、施工组织设计、项目管理机构、拟分包项目情况表、资格审查资料、投标人须知前附表规定的其他材料等。

投标人须知前附表规定不接受联合体投标的，或投标人没有组成联合体的，投标文件不包括联合体协议书。

2）投标报价：投标人应按工程量清单的要求填写表格。投标人如要在投标截止时间前修改投标函中的投标总报价，应同时修改招标文件所附"工程量清单"中的相应报价，投标报价总额为各分项金额之和。此修改须符合投标须知中投标文件的修改与撤回的有关要求。

3）投标有效期：在投标人须知前附表规定的投标有效期内，投标人不得要求撤销或修改其投标文件。出现特殊情况需要延长投标有效期的，招标人以书面形式通知所有投标人延长投标有效期。投标人同意延长的，应相应延长其投标保证金的有效期，但不得要求或被允许修改、撤销其投标文件；投标人拒绝延长的，其投标失效，但投标人有权收回其投标保证金。

4）投标保证金：投标人在递交投标文件的同时，应按投标人须知前附表规定的金额、担保形式和投标文件格式中规定的投标保证金格式递交投标保证金，投标保证金投标文件的组成部分。联合体投标的，其投标保证金由牵头人递交，且应符合投标人须知前附表的规定。

投标人不按要求提交投标保证金的，其投标文件做废标处理。

招标人自与中标人签订合同起 5 个工作日内，向中标人退还投标保证金。招标人自中标通知书发出之日起 5 个工作日内退还未中标人的投标保证金。

有下列情形之一的，投标保证金将不予退还：

a. 投标人在规定的投标有效期内撤销或修改其投标文件。

b. 中标人在收到中标通知书后，无正当理由拒签合同协议书或未按招标文件规定提交履约担保。

5）资格审查资料

a. "投标人基本情况表"应附投标人营业执照副本及其年检合格的证明材料、资质证书副本和安全生产许可证等材料的复印件。

b. "近年财务状况表"应附经会计师事务所或审计机构审计的财务会计报表，包括资产负债表、现金流量表、利润表和财务情况说明书的复印件，具体年份要求见投标人须知前附表。

c. "近年完成的类似项目情况表"应附中标通知书或合同协议书或工程接收证书（工程竣工验收证书）的复印件，具体年份要求见投标人须知前附表。每张表格只填写一个项目，并标明序号。

d. "正在施工和新承接的项目情况表"应附中标通知书或合同协议书复印件。每张表格只填写一个项目，并标明序号。

e. "近年发生的诉讼及仲裁情况"应说明相关情况，并附法院或仲裁机构做出的判决、裁决等有关法律文书复印件，具体年份要求见投标人须知前附表。

f. 投标人须知前附表规定接受联合体投标的，填写的表格和资料应包括联合体各方相关情况。

6）备选投标方案：除投标人须知前附表另有规定外，投标人不得递交备选投标方案。允许投标人递交备选投标方案的，只有中标人所递交的备选投标方案可予以考虑。评标委员会认为中标人的备选投标方案优于其按照招标文件要求编制的投标方案时，招标人可以接受该备选投标方案。

7）投标文件编制

a. 投标文件应按"投标文件格式"进行编写，如有必要，可以增加附页，作为投标文件的组成部分。其中，投标函附录在满足招标文件实质性要求的基础上，可以提出比招标文件的要求更有利于招标人的承诺。

b. 投标文件应当对招标文件中有关工期、投标有效期、质量要求、技术标准和要求、招标范围等实质性要求的内容做出响应。

c. 投标文件应用不褪色的材料书写或打印，并由投标人的法定代表人或其委托代理人签字或盖单位章。委托代理人签字的，投标文件应附法定代表人签署的授权委托书。投标文件应尽量避免涂改、行间插字或删字。如果出现上述情况，改动之处应加盖单位章或由投标人的法定代表人或其委托代理人签字确认。签字或盖章的具体要求见投标人须知前附表。

d. 投标文件正本一份，副本份数见投标人须知前附表。正本和副本的封面上应清楚地标记"正本"或"副本"字样。当副本和正本不一致时，以正本为准。

e. 投标文件的正本与副本应分别装订成册，并编制目录，具体装订要求见投标人须知前附表。

（4）投标

1）投标文件的密封和标记：投标文件的正本与副本应分开包装，加贴封条，并在封套的封口处加盖投标人单位章。投标文件的封套上应清楚地标记"正本"或"副本"字样，封套上其他应写明的内容见投标人须知前附表。

2）投标文件的递交

a. 投标人应在规定的投标截止时间前递交投标文件。

b. 除投标人须知前附表另有规定外，投标人所递交的投标文件不予退还。

c. 招标人收到投标文件后，应向投标人出具签收凭证。

d. 逾期送达或未送达指定地点的投标文件，招标人不予受理。

e. 投标人递交投标文件的地点，见投标人须知前附表。

3）投标文件的修改与撤回：在规定的投标截止时间前，投标人可以修改或撤回已递交的投标文件，但应以书面形式通知招标人。投标人修改或撤回已递交的投标文件的书面通知应按照规定进行签字或盖章。招标人收到书面通知后，应向投标人出具签收凭证。修改的内容为投标文件的组成部分。修改的投标文件应按照相关规定进行编制、密封、标记和递交，并标明"修改"字样。

（5）开标

1）开标时间：招标人应在规定的投标截止时间（开标时间）和投标人须知前附表规定的地点公开开标，并邀请所有投标人的法定代表人或其委托代理人准时参加。

2）开标程序：主持人按下列程序进行开标。

a. 宣布开标纪律。

b. 公布在投标截止时间前递交投标文件的投标人名称，并点名确认投标人是否派人到场。

c. 宣布开标人、唱标人、记录人、监标人等有关人员的姓名。

d. 按照投标人须知前附表的规定检查投标文件的密封情况。

e. 按照投标人须知前附表的规定确定并宣布投标文件开标顺序。

f. 设有标底的，公布标底。

g. 按照宣布的开标顺序当众开标，公布投标人名称、标段名称、投标保证金的递交情况、投标报价、质量目标、工期及其他内容，并记录在案。

h. 投标人代表、招标人代表、监标人、记录人等有关人员在开标记录上签字确认。

i. 开标结束。

（6）评标　评标由招标人依法组建的评标委员会负责。评标委员会由招标人或其委托的招标代理机构熟悉相关业务的代表，以及相关技术、经济等方面的专家组成。评标委员会成员人数以及技术、经济等方面专家的确定方式见投标人须知前附表。

评标委员会成员有下列情形之一的，应当回避：

a. 招标人或投标人的主要负责人的近亲属。

b. 项目主管部门或者行政监督部门的人员。

c. 与投标人有经济利益关系，可能影响公正评审的。

d. 曾在招标、评标以及其他与招标投标有关的活动中因从事违法行为而受过行政处罚或刑事处罚的。

评标活动应遵循公平、公正、科学、择优的原则。

评标委员会按照招标文件"评标办法"部分规定的方法、评审因素、标准和程序，对投标文件进行评审。招标文件"评标办法"中没有规定的方法、评审因素和标准，不作为评标依据。

（7）合同授予

1）定标方式：除投标人须知前附表规定评标委员会直接确定中标人外，招标人可以依据评标委员会推荐的中标候选人确定中标人，评标委员会推荐中标候选人的人数见投标人须知前附表。

2）中标通知：在规定的投标有效期内，招标人以书面形式向中标人发出中标通知书，同时将中标结果通知未中标的投标人。

3）履约担保：在签订合同前，中标人应按投标人须知前附表规定的金额、担保形式和招标文件规定的履约担保格式，向招标人提交履约担保。联合体中标的，其履约担保由牵头人递交，且应符合投标人须知前附表对金额、担保形式的规定和招标文件对履约担保格式的要求。

中标人不按相关要求提交履约担保的，视为放弃中标，其投标保证金不予退还，给招标人造成的损失超过投标保证金数额的，中标人还应当对超过部分予以赔偿。

4）签订合同：招标人和中标人应当自中标通知书发出之日起3天内，根据招标文件和中标人的投标文件订立书面合同。中标人无正当理由拒签合同的，招标人取消其中标资格，其投标保证金不予退还，给招标人造成的损失超过投标保证金数额的，中标人还应当对超过部分予以赔偿。

发出中标通知书后，招标人无正当理由拒签合同的，招标人向中标人退还投标保证金；给中标人造成损失的，还应当赔偿损失。

（8）重新招标和不再招标

1）重新招标：截至投标截止时间，投标人少于3个，或评标委员会评审后否决所有投标时，招标人应重新招标。

2）不再招标：重新招标后，投标人仍少于3个或所有投标被否决的，属于必须审批或核准的工程建设项目，经原审批或核准部门批准后，不再进行招标。

（9）纪律和监督

1）对招标人的纪律要求：招标人不得泄露招标投标活动中应当保密的情况和资料，不得与投标人串通损害国家利益、社会公共利益或者他人合法权益。

2）对投标人的纪律要求：投标人不得相互串通投标或者与招标人串通投标，不得向招标人或者评标委员会成员行贿以谋取中标，不得以他人名义投标或者以其他方式弄虚作假骗取中标；投标人不得以任何方式干扰、影响评标工作。

3）对评标委员会成员的纪律要求：评标委员会成员不得收受他人的财物或者其他好处，不得向他人透露对投标文件的评审和比较、中标候选人的推荐情况以及与评标有关的其他情况。在评标活动中，评标委员会成员不得擅离职守，不得影响评标程序正常进行，不得使用招标文件"评标办法"中没有规定的评审因素和标准进行评标。

4）对与评标活动有关的工作人员的纪律要求：与评标活动有关的工作人员不得收受他人的财物或者其他好处，不得向他人透露对投标文件的评审和比较、中标候选人的推荐情况以及与评标有关的其他情况。在评标活动中，与评标活动有关的工作人员不得擅离职守，不得影响评标程序正常进行。

5）投诉：投标人和其他利害关系人认为本次招标投标活动违反法律、法规和规章规定的，有权向有关行政监督部门投诉。

（10）需要补充的其他内容：投标须知正文没有列明，招标人又需要补充的其他内容，需要在投标人须知前附表中予以明确和细化，但不得与投标须知正文内容相抵触，否则抵触内容无效。

3. 评标办法

评标办法可选择经评审的最低投标价法和综合评估法。招标人可以根据事先确定的评标办法来选择不同的内容编制项目施工招标文件。

4. 合同条款及格式

招标文件中的合同条件是招标人与中标人签订合同的基础，是双方权利义务的约定，合同条件是否完善、公平，将影响合同内容是否能正常履行。

合同的格式是指招标人在招标文件中拟定好的合同具体格式，在定标后由招标人与中标人达成一致协议后签署。招标文件中的合同格式主要包含合同协议书格式、银行履约保函格式、履约担保书格式、预付款银行保函格式等。

5. 工程量清单

工程量清单是表现拟建工程实体性项目，非实体性项目和其他项目的名称和相应数量的明细清单，用以满足工程项目具体量化和计量支付的需要，是招标人编制招标控制价和投标人编制投标价的重要依据。

如有按照规定应编制招标控制价的项目，其招标控制价也应在招标时一并公布。

6. 图纸

图纸是招标文件的重要组成部分，是投标人拟订施工方案，确定施工方法，计算或校核工程量、计算投标报价不可缺少的资料。招标人应对其提供的图纸资料的正确性负责。

建筑工程施工图纸包括图纸目录、设计总说明、建筑施工图、结构施工图、给排水施工图、采暖通风施工图和电气施工图等。

7. 技术标准和要求

招标文件中工程项目所采用的技术标准和要求，适用国际标准、国家标准，部颁标准。

8. 投标文件格式、投标人须知前附表规定的其他材料

包括招标文件规定的投标文件格式，招标文件中"投标人须知前附表"规定其他材料的文件格式等。

【案例 2-2】2016 年 11 月 15 日，上海市静安区胶州路 728 号公寓 28 层发生一起因企业违规造成的特别重大火灾事故，造成 58 人死亡、71 人受伤，建筑物过火面积 12000m²，直接经济损失 1.58 亿元。

事故基本情况：上海市静安区胶州路 728 号公寓大楼所在的胶州路教师公寓小区于 2016 年 9 月 24 日开始实施节能综合改造项目施工，建设单位为上海市静安区建设和交通委员会，总承包单位为上海市静安区建设总公司。上海市静安区建设总公司承接该工程后，将工程转包给其子公司上海佳艺建筑装饰工程公司（以下简称佳艺公司）。佳艺公司又将工程拆分成建筑保温、窗户改建、脚手架搭建、拆除窗户、外墙整修、门厅粉刷、线管整理等，分包给 7 家施工单位。起火原因主要是施工人员违规电焊作业，电焊溅落的金属熔融物引燃下方 9 层位置脚手架防护平台上堆积的聚氨酯保温材料碎块、碎屑引发火灾。

问题：试分析上述案例中导致工程事故的间接因素。

【案例分析】

1）建设单位、投标企业、招标代理机构相互串通、虚假招标、转包、违法分包。

2）工程项目施工组织管理混乱，是设计企业、监理机构工作失职。

3）上海市、静安区两级建设主管部门对工程项目监督管理缺失。

4）静安区公安消防机构对工程项目监督检查不到位。

5）静安区政府对工程项目组织实施工作领导不力。

第3章 建筑工程投标

本章知识导图

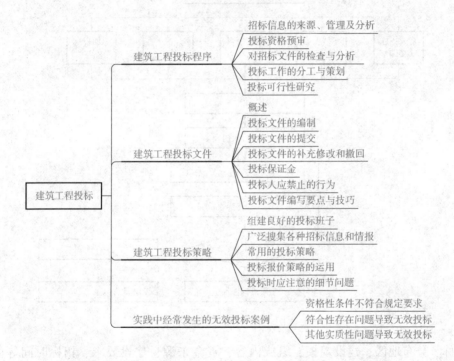

		招标信息的来源、管理及分析
建筑工程投标	建筑工程投标程序	投标资格预审
		对招标文件的检查与分析
		投标工作的分工与策划
		投标可行性研究
	建筑工程投标文件	概述
		投标文件的编制
		投标文件的提交
		投标文件的补充修改和撤回
		投标保证金
		投标人应禁止的行为
		投标文件编写要点与技巧
	建筑工程投标策略	组建良好的投标班子
		广泛搜集各种招标信息和情报
		常用的投标策略
		投标报价策略的运用
		投标时应注意的细节问题
	实践中经常发生的无效投标案例	资格性条件不符合规定要求
		符合性存在问题导致无效投标
		其他实质性问题导致无效投标

3.1 建筑工程投标程序

投标工作程序如图 3-1 所示。

3.1.1 招标信息的来源、管理及分析

投标企业一般都在经营部设立收集工程项目招标信息的部门，用于广泛了解和掌握项目的情况和动态。投标人为了选到合适的投标项目，需要了解工程项目

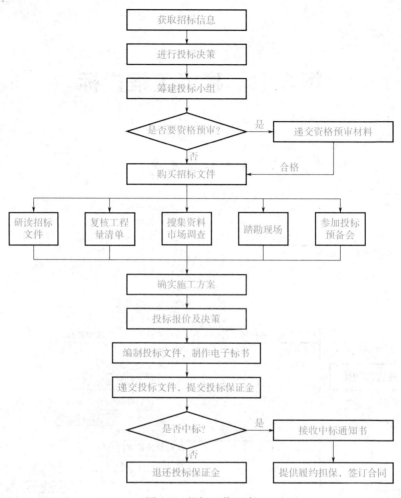

图 3-1 投标工作程序

名称、分布地区、建设规模、组成内容、资金来源、建设要求、招标时间等内容。投标人通过及时掌握招标项目的情况，派人进行有效跟踪，掌握工程项目前期准备工作的进展情况，选择符合企业资格、技术装备、财务资金状况并能委派合适的项目负责人和技术人员的工程项目作为投标目标，并做好投标的各项准备工作。

1. 招标信息的来源和管理

投标人要想及时掌握招标项目的情报和信息，必须构建较广泛的信息渠道。根据我国的基本建设程序和法律法规的规定，项目建设施工前期的准备阶段，要经过可行性研究、环境保护评价、建设用地规划、消防及其他专业部门的行政审批或许可，政府行政部门在审批前后基本上都要向社会进行公示。在招标阶段，招标人必须在政府指定的媒介上发布招标信息。因此，工程项目的分布与动态的信息渠道非常清楚且公开。招标信息的主要来源有以下 8 种，见表 3-1 所示。

表 3-1　招标信息的主要来源

招标信息主要来源	县级以上人民政府发展计划部门
	建设、水利、交通、铁道、民航、信息产业等部门
	县级以上人民政府规划部门
	省、自治区、直辖市人民政府国土部门
	县级以上人民政府财政部门
	勘察设计部门和工程咨询单位
	建设交易中心、信息工程交易中心、政府采购部门
	政府指定的其他媒介

2. 分析招标信息的正确性

企业可以根据招标信息的来源以及核查政府行政审批文件或许可证件，对招标信息的准确性进行判断。

1）建设项目的投资必须经过发展计划部门审核备案，并且建设项目可行性研究分析要报发展计划部门审批。所以投标人可通过发展计划部门来确定该招标工程的建设性质、建设内容、建设规模、资金来源和建设时间。

2）新建项目的用地规划由国土管理部门进行审查，投标人可以去查询建设项目用地的面积、地点、权属关系以及建设用地是否取得审批手续。

3）建设用地经国土管理部门审批后，由规划行政部门核发建设用地规划许可证，投标人可以通过规划部门核查工程项目的建筑物名称、功能建筑面积、建筑物层数和高度甚至是外立面装修情况。

3.1.2　投标资格预审

1. 资格预审的概念和目的

（1）资格预审的概念　资格预审是指在招标开始之前或者招标开始初期，由招标人对申请参加投标的潜在投标人进行资质条件、业绩信誉、技术、资金等方面的资格审查。只有在资格预审中被认为合格的潜在投标人（或者投标人），才可以参加投标。

（2）资格预审的目的　对潜在的投标人进行资格审查，主要是考察该企业总体能力是否具备完成招标工作所需的条件。公开招标设置资格预审程序，一是保证参与投标的法人或组织在资质和能力等方面能够满足招标工作的要求；二是可以通过评审优选出综合实力较强的一批投标申请人，再请他们参加投标竞争，以减少评标的工作量。

（3）投标资格预审的流程　参加投标资格预审的一般流程如图 3-2 所示。

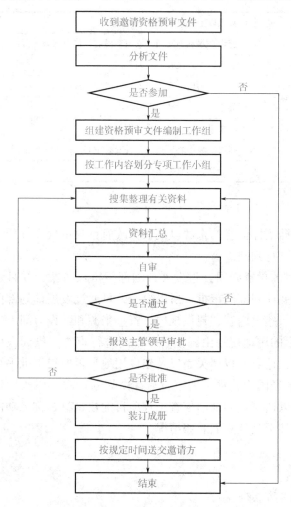

图 3-2　参加投标资格预审的一般流程

2. 购买资格预审文件

投标人应按照招标单位发布的资格预审公告（或代招标公告）的要求，在规定的时间和地点购买资格预审文件。如果招标单位要求提供必要的证件，如企业资质证书、营业执照、工作业绩等，则投标单位应提前做好准备，在购买资格预审文件时如实提供相关资料。与此同时，投标单位也可以顺便考察项目的真实性和招标单位或业主的信誉、经济支付能力等。

3. 研究资格预审文件

投标人购买了资格预审文件后，应仔细阅读和检查资格预审文件的全部内容。如有疑问，应在投标人须知前附表规定的时间前以书面形式、要求招标人对资格预审文件进行澄清。尤其要认真阅读以下内容：

1）对申请预审人的要求。如资格预审文件中规定了对投标人以往的经验和设备、人员、资金等有关完成该项目的能力的要求，资格预审通过的强制性标准等。如果是国际工程项目，还应注意对资格预审申请人在政治上的要求。

2）要求申请人提供的资料和有关的证明材料。如招标人要求投标人提供申请人的详细履历、联合体的基本情况、分包商的基本情况等。

3）资格预审申请递交的截止日期、地址和负责人姓名。同时，在资格预审申请递交的截止日期前，招标人可以修改资格预审文件，但必须以书面形式通知申请人，并顺延资格预审申请截止时间。

4. 填写资格预审文件

申请人在填写资格预审申请书前，要按照资格预审文件的要求，认真准备资料，如以往的经验、近几年财务状况等。为了节约时间、提高效率，申请人应在每个工程完工后，做好资料的积累工作，将资料存入计算机内，并予以整理，以备随时调用。最好请有一定声望的专家或相关部门对每个完工工程进行质量鉴定，给予书面的优良工程证明，将其作为资料保存。一些获奖证书也应复印保存。

准备的资料既要能满足资格预审文件的要求，又要对自己有利。根据准备的资料，认真填写资格预审申请书。填写时要注意以下几点：

1）看清资格审查方法。目前资格审查方法有资格预审和资格后审两种。

资格预审是招标人通过发布招标资格预审公告，向不特定的潜在投标人发出投标邀请，并组织招标资格审查委员会按照招标资格预审公告和资格预审文件确定的资格预审条件、标准和方法，对投标申请人的经营资格、专业资质、财务状况、类似项目业绩、履约信誉、企业认证体系等条件进行评审，以确定合格的潜在投标人。资格预审的办法包括合格制和有限数量制，一般情况下应采用合格制，潜在投标人过多的，可采用有限数量制。

资格后审，是在组织评标时由评标委员会负责审查，审查的内容与资格预审的内容一致。资格后审方法可以省去资格预审的工作环节和费用，缩短招标投标过程，有利于增强投标的竞争性，但在投标人过多时，会增加社会成本和评标工作量。资格后审方法比较适合潜在投标人数量不多的招标项目。

2）实事求是。填写的内容一定要实事求是，不得隐瞒，也不得弄虚作假。

3）分析利弊，采取措施。在对资格预审文件进行认真分析的基础上，要分析自身的实力。当发现本企业某些方面难以满足投标要求时，应考虑与其他合适的企业联合，组成联合企业来参与资格预审。

5. 提交资格预审文件

填写完资格预审申请书后，应按照招标人的要求签字盖章和打印装订。资格预审申请文件由正副本组成，正本只有一份，副本份数按招标人的要求提交。正副本内容必须一致，当正本和副本不一致时，以正本为准。

申请人必须在规定的时间内，将资格预审申请书递交到指定的地点和人员手中。资格预审申请书呈递后，还应注意信息的跟踪，发现有不足之处时，应及时补送资料，以争取通过资格预审，成为有资格的投标人。

3.1.3 对招标文件的检查与分析

1. 招标文件的检查

1）检查招标文件是否齐全。招标文件的主要内容有：招标公告（投标邀请书）、投标人须知、评标办法、合同条款、投标文件及各种附件的文件格式、技术规范、图纸、勘察资料、工程量清单、其他要求和说明等。投标人要检查其内容是否齐全，有无缺页和遗漏，并做好检查记录。

2）检查相关内容是否填写全面。投标人应根据国家建设行政主管部门对工程项目招标文件的要求来审查招标文件的内容是否齐全，表达是否清楚、准确，是否有违反法律法规的不合理要求。

3）检查图纸、地质勘查报告等的内容是否齐全和正确。

4）检查招标文件的各部分内容是否前后一致。投标人在购买到招标文件后，应认真检查招标文件的各部分内容是否前后一致，是否存在矛盾。

2. 投标人对招标文件的分析

投标人首要的准备工作就是仔细认真地研究招标文件，充分了解其内容和要求，以便安排投标工作的部署，并发现应提请招标单位予以澄清的疑点。

研究招标文件时，通常应将重点放在以下几方面：

1）研究工程项目综合说明，以获得对工程全貌的轮廓性了解。

2）熟悉并详细研究设计图和规范（技术说明），目的在于弄清工程的技术细节和具体要求，使施工方案和报价有确切的依据。

3）研究合同主要条款，明确中标后应承担的义务和责任及应享有的权利，重点是承包方式，开竣工时间及工期奖罚，材料供应及价款结算办法，预付款支付和工程款结算的方法，工程变更及停工、窝工损失处理办法等。

4）熟悉投标须知，明确了解在投标过程中，投标单位应在什么时间做什么事和不允许做什么事，目的在于提高效率，避免造成废标。

5）对评标办法的理解研究。评标委员会会按照招标文件确定的评标标准和方法，对投标文件进行评审和比较。招标文件中没有载明的不得作为评标依据。

3.1.4　投标工作的分工与策划

1. 投标机构的组建

投标人通过投标取得工程项目承包权是市场经济的必然趋势。投标人要想中标并从承包的工程项目中赢得利润，应该在收到招标文件和搜集招标项目信息后对项目进行分工和策划，并决定采用哪些方法措施，以长补短、以优胜劣。

投标人在确定参加某一项目的投标后，为了确保在投标竞争中获胜，必须在本企业中精心挑选具有丰富投标经验的经济、技术、管理方面的业务骨干，组成专项投标组织机构，并抽调计划派驻该项目的经济、技术、管理的主要负责人作为投标组织机构成员。

投标组织机构成员组成见表 3-2。

表 3-2　投标组织机构成员组成

机构成员	组成及职责
投标决策者	在一般工程项目投标时，投标决策人由经营部经理担任，重大工程项目或对投标企业的发展有着重要意义的项目可由总经济师担任
技术负责人	技术负责人由投标企业和总工程师或主任工程师担任，主要是根据投标项目的特点、项目环境情况、设计的要求制定施工方案和各种技术措施
投标报价负责人	投标报价负责人由经营部门主管工程造价的负责人担任，主要负责复核清单工程量，进行工程项目成本单价分析和综合单价分析，汇总单位工程、单项工程的工程造价和成本分析，为投标报价决策提供建议和依据
综合资料负责人	综合资料负责人可由行政部副经理担任，主要负责资格审查材料的整理，投标过程中负责企业资料的组合，签署法人证明及委托，投标文件的汇总、整理、装订、盖章、密封等工作

各位负责人的小组要根据投标项目情况配备足够的小组成员，以完成具体的工作。各小组又要分别分成两个支组，一个支组负责编制文件，一个支组负责编辑审核文件。拟委派项目部的技术、经济、管理人员要根据各自的岗位、专业情况分配到各小组中参与投标文件的编制，物资供应部门、财务计划部门、劳动人事部门、机械设备部门要积极配合，提供准确的资源配置数据，特别是在价格行

情、工资标准、费用开支、资金周转、成本核算等方面为投标提供依据。

2. 投标策划

投标人为了增大中标的机会，必须对招标文件和项目信息进行深入的调查研究。投标人只有结合投标企业的自身情况，采用适当的技巧和策略，才可以达到出奇制胜的效果。

（1）投标策划的依据与资料

1）对招标文件、设计文件的理解和研究。

2）有关法律法规、建设规范。

3）招标工程项目的地理、地质条件和周围的环境因素。

4）招标项目所在地材料、设备的价格行情，劳动力供应情况及劳动力工资情况。

5）业主的信誉情况和资金筹措到位情况。

6）投标人企业内部消耗定额及有参考价值的政府消耗量定额。

7）投标人企业内部人工、材料、机械的成本价格的系统资料。

8）投标人自身的技术力量、技术装备、类似工程承包经验、财务状况等各方面的优势和劣势。

9）投标竞争对手的情况及对手常用的投标策略。

（2）投标策划的方式

1）从投标性质方面考虑，投标可分为风险标和保险标。

①投标人明知工程承包难度大、技术要求高、风险大，且技术、设备和资金上都有未解决的问题，但考虑到已近尾声的临近项目的人员、设备、周转材料暂时无法安排，或因为工程盈利丰厚，或为了开拓新技术领域，决定参加投标，同时设法解决存在的问题，这就是风险标。投风险标的决策必须做好风险预警和应急备案，必须谨慎从事。

②保险标是指投标人在技术、设备和资金等重大方面都有解决的对策。如果企业经济实力较弱，经不起失策的打击，最好投保险标。

2）从投标效益方面考虑，投标可分为盈利标和保本标。

①以盈利为目的的投标。如果招标项目是本企业的强项，并且是竞争对手的弱项，或者本单位任务饱满、利润丰厚，而招标项目基本不具有竞争性，投标企业在这些情况下考虑让企业超负荷运转，这种情况下的投标称为盈利标。

②以保本为目的的投标。当企业后续工程不足或当前工程已经出现部分窝工时，必须争取中标，而本企业又没有明显优势，竞争对手多，投标人只是考虑稳定施工队伍、减少机械设备闲置而采取的以接近施工成本报价的投标，称为保

本标。

（3）投标策划实务与注意事项

1）根据设计文件的深度和齐全情况进行策划。招标人用于招标的设计图可能没有进行施工图审查或图纸会审，设计图往往达不到施工图深度，或各专业施工图之间存在矛盾，甚至本专业施工图存在错漏、不符合规范要求、不符合现场施工条件的情况。投标人可以在投标之前就结合工程实际对施工图进行分析，了解清单项目在施工过程中发生变化的可能性，对不变的项目的报价要适中，对工程实施时必须增加工程量的项目的综合单价报价可适当提高，对有可能降低工程量或者施工图上工程内容说明不清的项目的综合单价报价可适当降低。这样可以降低投标人的风险，使投标人获得更大的利润。

2）结合工程项目的现场条件进行投标策划。投标人应该在编制施工方案和分析综合单价报价之前对工程项目现场的条件进行踏勘，对现场和周围环境的情况及与此工程项目有关的资料进行搜集。工程项目所在地主要材料的供应地点和价格，以及材料的采购地点、价格、供应方式、质量情况、货源供应量情况，既是施工方案策划的依据，也是投标报价的决定性因素。

3）依据工程项目的环境因素进行投标策划。投标人应在投标报价和编制施工方案前了解项目所在地的环境，包括政治形势、经济环境、法律法规、民俗民风、自然条件、生产和生活条件、交通运输、供电供水、通信条件等，这些都是合理编制施工方案的依据，也影响着投标报价。

4）根据业主的情况进行投标策划。投标人要根据业主的项目审批情况、资金筹措到位情况、信誉情况、员工的法律意识和管理能力等进行多方面分析。这样一方面可以及早收回资金，有利于资金周转，另一方面也能够避免因业主资金不到位而引发拖欠工程进度款的情况，以免造成对承包人的损失。

5）从竞争对手角度进行投标策划。对竞争对手的考虑应包括：投标的竞争对手有多少，其中优势明显强过本企业的有哪些，特别是工程所在地的潜在投标人可能会有多少下浮优惠，竞争对手的明显优势和明显缺点，以往同类工程投标方法和投标策略。投标人要用自己的优势制订切实可行的策略，提高中标的可能性。

6）从工程量清单着手进行投标策划。招标工程量清单的准确性由招标人负责。

3.1.5　投标可行性研究

投标可行性研究分为企业自身的研究和企业外部的研究。

1. 企业自身的研究

企业自身的研究的主要内容见表3-3。

表3-3 企业自身的研究的主要内容

研究方向	研究内容
技术	1）有由精通本行业的估算师、建筑师、工程师、会计师和管理专家组成的组织机构 2）有工程项目设计、施工专业特长，能解决技术难度大和各类工程施工中的技术难题的能力 3）有同类型工程的施工经验 4）有一定技术实力的合作伙伴，如实力强的分包商、合营伙伴和代理人
经济	1）有垫资的能力 2）有一定的固定资产和机械设备及其投入所需的资金 3）有一定的周转资金用来支付施工用款 4）有支付各种担保的能力，包括投标保函（或担保）、履约保函（或担保）、预付款保函（或担保）、缺陷责任期保函（或担保）等 5）有支付各种纳税和保险的能力 6）承担风险的能力
信誉	承包商一定要有良好的信誉，这是投标中标的一条重要标准。要建立良好的信誉，就必须遵守法律和行政法规，认真履约，保证工程的施工安全、工期和质量，且各方面的实力雄厚
经营管理	需要具有高素质的项目管理人员，尤其是懂技术、会经营、善管理的项目经理人选。能够根据合同的要求，高效率地完成项目管理要求的各项目标，通过项目管理活动为企业创造较好的经济效益和社会效益

2. 企业外部可行性研究

（1）招标人和监理工程师情况的研究

1）招标人的情况：招标人的合法地位、支付能力、公平性、公正性及履约信誉。了解招标人在招标项目中是否有倾向性，如果招标人带有倾向性，则对手的基本情况如何等。

2）监理工程师的情况：监理工程师处理问题的公正性、合理性等，这也是影响企业投标决策的重要因素。

（2）竞争对手和竞争形势的研究

1）竞争对手：企业应注意竞争对手的实力、优势及投标环境的优劣情况。另外，竞争对手的在建工程情况也十分重要。如果对手的在建工程即将完工，可能急于获得新承包项目心切，投标报价不会很高；如果竞争对手在建工程规模大、时间长，如仍参加投标，则标价可能很高。

　　2）竞争形势：从总的竞争形势来看，大型工程的承包公司技术水平高，善于管理大型复杂工程，其适应性强，可以承包大型工程，中小型工程由中小型工程公司或当地的工程公司承包可能性大。因为，当地中小型公司在当地有自己熟悉的材料、劳动力供应渠道，管理人员相对比较少，有自己惯用的特殊施工方法等优势。

　　（3）风险问题工程承包　特别是国际工程，由于影响因素众多，存在很高的风险，从来源的角度看，风险可分为政治风险、经济风险、技术风险、商务及公共关系风险和管理方面的风险等。

　　投标决策中要对拟投标项目的各种风险进行深入研究，进行风险因素辨识，以便有效规避各种风险，避免或减少经济损失。

　　（4）法律、法规的情况　对于国内工程，我国的法律、法规具有统一或基本统一的特点，但各个地方也有一些根据各地的特点制定的规定。

3.2　建筑工程投标文件

3.2.1　概述

1. 工程投标人的概念

　　建设工程投标人是指响应招标并购买招标文件、参加投标竞争的法人或者其他组织，投标人应具备承担招标项目的能力。招标人的任何不具独立法人资格的附属机构（单位），或者为招标项目的前期准备、监理工作提供设计、咨询服务的任何法人及其任何附属机构（单位）都无资格参加该招标项目的投标。

2. 建设工程投标人应具备的条件

　　1）具有招标条件要求的资质证书，并为独立的法人实体。

　　2）承担过类似建设项目的相关工作，并有良好的工作业绩和履约记录。

　　3）在最近 3 年没有骗取合同以及其他经济方面的严重违法行为。

　　4）财产状况良好。

　　5）近几年有较好的安全纪录，投标当年内没有发生重大质量和特大安全事故。

3. 联合体投标

　　《招标投标法》第 31 条规定：两个以上法人或者其他组织可以组成一个联合体，以一个投标人的身份共同投标。

根据《招标投标法》第 31 条规定：联合体各方均应当具备承担招标项目的相应能力；国家有关规定或者招标文件对投标人资格条件有规定的，联合体各方均应当具备规定的相应资格条件。由同一专业的单位组成的联合体，按照资质等级较低的单位确定资质等级。联合体的资质等级采取就低不就高的原则，可以促使资质优等的投标人组成联合体以保证招标项目的质量，防止出现投标联合体以优等资质获取招标项目，而由资质等级差的供货商或承包商来实施项目的现象。联合投标协议书如图 3-3 所示。

联合投标协议书

（　　）与（　　）就＿＿＿＿＿＿招标项目投标有关事宜，经各方充分协商一致，达成如下协议：

一、由（　　）牵头，（　　）参加，组成联合体共同进行本招标项目的投标工作。

二、（　　）为本次投标的主体单位，联合体以主体方的名义参加投标，联合体中标后，联合体各方共同与招标方签订合同，就本中标项目对招标方承担连带责任。

三、主体方负责＿＿＿＿＿＿等工作，具体工作范围、内容以合同为准。参加方负责＿＿＿＿＿＿等工作，具体工作范围、内容以合同为准。

四、各方的责任、权利、义务，在中标后经各方协商后报招标方同意另行签订协议或合同。

五、各方不得再以自己名义在本项目中单独投标。联合投标的项目责任人不能作为其他联合体或单独投标单位的项目组成员。因发生上述问题导致联合体投标成为废标，联合体的其他成员可追究违约行为。

六、未中标，本协议自动废止。

主 体 方：　　　　　　　　　　参 加 方：

公 章：　　　　　　　　　　　　公 章：

法定代表人：　　　　　　　　　　法定代表人：

地 址：　　　　　　　　　　　　地 址：

邮 编：　　　　　　　　　　　　邮 编：

电 话：　　　　　　　　　　　　电 话：

签订日期：年 月 日

图 3-3　联合投标协议书

联合体各方应当签订联合投标协议书，明确约定各方拟承担的工作和责任，并将联合投标协议书连同投标文件一并提交招标人。联合体中标的，联合体各方应当共同与招标人签订合同，就中标项目向招标人承担连带责任。招标人不得强制投标人组成联合体共同投标，不得限制投标人之间的竞争。

《招标投标法实施条例》进一步规定：招标人应当在资格预审公告、招标公告或者投标邀请书中载明是否接受联合体投标。招标人接受联合体投标并进行资格预审的，联合体应当在提交资格预审申请文件前组成。资格预审后联合体增减、更换成员的，其投标无效。联合体各方在同一招标项目中以自己名义单独投标或者参加其他联合体投标的投标均无效。

3.2.2　投标文件的编制

1. 投标文件的编制要求

1）投标人编制建设工程投标文件时必须使用招标文件提供的投标文件表格格式，但表格可以按同样格式扩展。按招标文件有关条款的规定，可以选择投标保证金、履约保证金的方式。投标人根据招标文件的要求和条件填写投标文件时，凡要求填写的部分都必须填写，不得空着不填，否则，即被视为放弃意见。实质性的项目或数字如工期、质量等级、价格等未填写的，将被作为无效或作废的投标文件处理。投标人将投标文件按规定的日期送交招标人，等待开标、决标。

2）应当编制的投标文件"正本"仅一份，"副本"则按投标人须知前附表所述的份数提供，同时要明确标明"投标文件正本"和"投标文件副本"字样。投标文件正本和副本如有不一致之处，以正本为准。

3）投标文件正本与副本均应使用不能擦去的墨水打印或书写，各种投标文件的填写都要字迹清晰、端正，补充设计图纸要整洁、美观。

4）所有投标文件均由投标人的法定代表人签署、加盖印鉴，并加盖法人单位公章。

5）填报投标文件时应反复校核，保证分项和汇总计算均无错误。全套投标文件均应无涂改和行间插字，除非这些删改是根据招标人的要求进行的，或者是投标人造成的必须修改的错误。修改处应由投标文件签字人签字证明并加盖印鉴。

6）招标文件规定投标保证金为合同总价的某百分比时，开投标保函不要太早，以防泄漏己方报价。

7）投标人应将投标文件的正本和每份副本分别密封在内层包封中，再密封在一个外层包封中，并在内包封上正确标明"投标文件正本""投标文件副本"。内层和外层包封都应写明招标人名称、地址、合同名称、工程名称、招标编号，并标明开标时间以前不得开封。在内层包封上还应写明投标人的名称、地址、邮政编码，以便投标逾期送达时能原封退回。如果内外层包封没有按上述规定密封并加写标志，招标人将不承担投标文件错放或提前开封的责任，由此造成的提前开封的投标文件将被拒绝，并退还给投标人。投标文件递交至投标人须知前附表所述的单位和地址。

2. 投标文件的编制原则

1）依法投标：严格按照《招标投标法》等国家法律法规的规定编制投标文件。

2）诚实信用：提供的数据准确可靠，对做出的承诺负责履行不打折扣。

3）按照招标文件要求：对提供的所有资料和材料，必须从形式到内容都响应和满足招标文件的要求。

4）语言文字上力求准确严密、周到、细致，切不可模棱两可。

5）从实际出发：在依法投标的前提下，可以充分运用和发挥投标竞争的方法和策略。

3. 编制工程投标文件的步骤

投标文件的编制工作在投标人领取招标文件后进行，编制投标文件的一般步骤如图 3-4 所示。

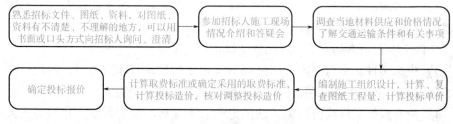

图 3-4　编制投标文件步骤

4. 建设工程投标文件的编制内容

建设工程投标文件由投标函、商务标、技术标以及资格审查须知四部分组成。

（1）投标函的主要内容

1）法定代表人身份证明书。

2）投标文件签署授权委托书。

3）投标保证金缴纳成功回执单。

4）项目管理机构配备情况表。

5）项目负责人简历表。

6）项目技术负责人简历表。

7）项目管理机构配备情况辅助说明资料。

8）招标文件要求投标人提交的其他投标资料。

（2）商务标的主要内容

1）投标总价。

2）总说明。

3）工程项目投标报价汇总表。

4）单项工程投标报价汇总表。

5）单位工程投标报价汇总表。

6）分部分项工程和单价措施项目的清单与计价表。

7）综合单价分析表。

8）总价措施项目清单与计价表。

9）其他项目清单与计价汇总表。

10）暂列金额明细表。

11）专业工程暂估价及结算价表。

12）计日工表。

13）总承包服务费计价表。

中标人提交的投标辅助资料经发包人确认后将列入合同文件。

（3）技术标的主要内容

1）确保基础工程的技术、质量、安全及工期的技术组织措施。

2）各分部分项工程的主要施工方法及施工工艺。

3）拟投入本工程的主要施工机械设备情况及进场计划。

4）劳动力安排计划。

5）主要材料投入安排计划。

6）确保工程工期、质量及安全施工的技术组织措施。

7）确保文明施工及环境保护的技术组织措施。

8）质量通病的防治措施。

9）季节性施工措施。

10）计划开、竣工日期和施工平面图、施工进度计划横道图及网络图。

（4）资格审查须知的主要内容

1）资质条件。投标人的资质应符合招标文件中的要求，并要提供相应的资质证明材料。

2）强制性资格条件。在若干项资格条件中，根据工程项目的具体情况，招标人规定其中某些为强制性资格条件，强制性资格条件有一项不符合要求的，资格审查不通过。只有完全符合强制性资格条件的投标人，才能进入评标程序。

3）填写资格审查表格。投标人必须按本须知要求认真填写招标文件规定的所有资格审查表格，逐页签字并对其真实性负责，招标人有权对其进行调查核实和澄清。投标人有弄虚作假行为的，不能通过资格审查，已通过的资格也将被取消。

下面附上部分投标文件的一些附件。

一、投标函

致：_____（招标人名称）

1. 我方已仔细研究了_____（项目名称）_____标段招标文件的全部内容，愿以人民币（大写）_____元（￥_____）的投标总报价，工期_____日历天，按合同约定实施和完成承包工程，修补工程中的任何缺陷，工程质量达到_____。

2. 我方承诺投标有效期为_____天，在投标有效期内不修改、撤销投标文件。

3. 如我方中标：

（1）我方承诺在收到中标通知书后，在中标通知书规定的期限内与你方签订合同。

（2）随同本投标函递交的投标函附录属于合同文件的组成部分。

（3）我方承诺按照招标文件的规定向你方递交履约担保。

（4）我方承诺在合同约定的期限内完成并移交全部合同工程。

4. 我方在此声明，所递交的投标文件及有关资料内容完整、真实和准确。

5. _____（其他补充说明）。

投　标　人：_____（盖单位公章）

法定代表人或其委托代理人：_____（签字或盖章）

地　　　址：_____

电　　　话：_____

_____年____月____日

二、投标函附录

投标人：（盖单位公章）

法定代表人或其委托代理人：（签字或盖章）

项目名称			
标段			
投标人			
投标范围			
项目经理	姓名	级别	注册编号
投标总报价（元）	大写：		
	小写：		
投标工期	_____日历天		
投标质量			
投标有效期	_____日历天		
备注			

日期：　　年　　月　　日

三、法定代表人身份证明

投　标　人：_____

单位性质：_____

地　　址：_____

成立时间：_____年_____月_____日

经营期限：_____

姓　　名：_____　　性　　别：_____

年　　龄：_____　　职　　务：_____

系_____（投标人名称）的法定代表人。

特此证明。

投标人：_____（盖单位公章）

_____年____月____日

四、 授权委托书

本人＿＿＿＿（姓名）系＿＿＿＿（投标人名称）的法定代表人，现委托＿＿＿（姓名）为我方代理人。代理人根据授权，以我方名义签署、澄清、说明、补正、递交、撤回、修改＿＿＿＿＿（项目名称）投标文件，签订合同和处理有关事宜，其法律后果由我方承担。

委托期限：

本授权书至投标有效期结束前始终有效。

代理人无转委托权。

投 标 人：＿＿＿＿＿＿＿＿＿＿（盖单位公章）

法定代表人：＿＿＿＿＿＿＿＿＿＿＿（签字）

身份证号码：＿＿＿＿＿＿＿＿＿＿＿

委托代理人：＿＿＿＿＿＿＿＿＿＿＿（签字）

身份证号码：＿＿＿＿＿＿＿＿＿＿＿

＿＿＿＿年＿＿月＿＿日

3.2.3 投标文件的提交

投标人应当在招标文件要求提交投标文件的截止时间前，将投标文件送达投标地点。在截止时间后送达的投标文件，招标人应当拒收。若发生地点方面的误送，则由投标人自行承担后果。投标人若对招标文件有疑问，则应于投标截止日期前3~15日（具体见招标文件）以书面形式向招标人（或招标代理机构）提出澄清要求，并送至招标代理机构。招标人应当自收到异议之日起3日内作出答复，并且在答复前，应当暂停招标投标活动。

3.2.4 投标文件的补充修改和撤回

《招标投标法》第29条规定：投标人在招标文件要求提交投标文件的截止时间之前，可以补充与修改或者撤回已提交的投标文件，并书面通知招标人，补充与修改的内容为投标文件的组成部分。《招标投标法实施条例》第35条规定：招标人已收取投标保证金的，应当自收到投标人书面撤回通知之日起5日内退还。投标截止后投标人撤销投标文件的，招标人可以不退还投标保证金。

投标文件的补充与修改是指对已经递交的投标文件中遗漏和不足的部分进行增补与修订。撤回是指投标人在投标截止时间前收回已经递交给招标人的投标文件，不再投标，或在规定时间内重新编制投标文件，并在规定时间内送达指定地点重新投标。如果投标人在投标截止时间之后收回已经递交给招标人的投标文件，招标人可以不退还投标保证金。

3.2.5　投标保证金

1. 投标保证金的概念

所谓的投标保证金，就是投标人保证其在投标有效期内不随意撤回投标文件，且在中标后按招标文件签署合同而提交的担保金。提交投标保证金是国际惯例，也是保证投标人遵循诚实信用原则的体现。投标保证金将促使投标人以法律为基础进行投标活动，在整个投标有限期内，如果不遵守招标文件的约定，将受到没收保证金的处罚。投标保证金是投标文件的组成部分，投标人不按要求提交投标保证金的，评标委员会将否决其投标。

投标保证金的提交，一般应注意下列几个问题。

1）投标保证金是投标文件的必需要件，是招标文件的实质性要求，投标保证金不足、无效、迟交、有效期不足或者形式不符合招标文件要求等情形，均将构成实质性不响应而被拒绝或废标。

2）对于工程货物招标项目，根据《工程建设项目货物招标投标办法》第 27 条的规定：招标人可以在招标文件中要求投标人以自己的名义提交投标保证金。

3）对于联合体形式投标的，投标保证金可以由联合体各方共同提交或由联合体中的一方提交。以联合体中一方提交投标保证金的，对联合体各方均具有约束力。

4）投标保证金作为投标文件的有效组成部分，其递交的时间应与投标文件的提交时间要求一致，即在投标文件提交截止时间之前送达。

2. 投标保证金的基本形式

投标保证金的交纳形式见表 3-4，除了表中的形式外，招标人认可的其他合法担保形式也是可以的。

表 3-4　投标保证金的基本形式

基本形式	要求
现金	对于数额较小的投标保证金而言，采用现金方式提交是一个不错的选择。但对于数额较大（如万元以上）采用现金方式提交不太合适。现金不易携带，不方便递交，在开标会上清点大量的现金不仅浪费时间，操作手段也比较原始

（续）

基本形式	要求
支票	是指由出票人签发的，委托办理支票存款业务的银行或者其他金融机构在见票时无条件支付确定的金额给收款人或持票人的票据。投标保证金采用支票形式，投标人应确保招标人收到支票后在招标文件规定的截止时间之前，将投标保证金划拨到招标人指定账户，否则，视为投标保证金无效。投标人应在投标文件中附上支票复印件，作为评标时投标保证金的评审依据
银行汇票	开具汇票的银行性质及级别应满足招标文件的规定，并采用招标文件提供的格式
银行保函	开具保函的银行性质及级别应满足招标文件的规定，并采用招标文件提供的格式。投标人应根据招标文件要求，单独提交银行保函正本，并在投标文件中附上复印件，或将银行保函正本装订在投标文件正本中。一般，招标人会在招标文件中给出银行保函的格式和内容，且要求保函主要内容不能改变，否则将以不符合招标文件要求为由作废标处理

3. 投标保证金的金额

交纳投标保证金的金额的规定如表3-5所示。

表3-5   投标保证金的金额规定

项目	要求
工程施工、货物采购类	投标保证金一般不超过投标报价的2%，最高不得超过80万元人民币
工程勘察设计类	投标保证金一般不超过投标报价的2%，最高不得超过10万元人民币
《招标投标法实施条例》规定	招标人在招标文件中要求投标人提交投标保证金的，投标保证金不得超过招标项目估算价的2%。投标保证金有效期应当与投标有效期一致。招标人不得挪用投标保证金

4. 投标保证金的期限

投标保证金有效期一般与投标有效期一致。在这段时间内，投标人必须对其递交的投标文件负责，受其约束。而在投标有效期截止时间之前，投标人（潜在投标人）可以自主决定是否投标、对投标文件进行补充修改，甚至撤回已递交的投标文件；在投标有效期期满之后，投标人可以拒绝招标人的中标通知而不受任何约束或惩罚。

如果在招标投标过程中出现特殊情况，在招标文件规定的投标有效期内，招标人无法完成评标并与中标人签订合同，则在原投标有效期期满之前招标人可以以书面形式要求所有投标人延长投标有效期。投标人同意延长的，不得要求或被允许修改其投标文件，但应当相应延长其投标保证金的有效期；投标人拒绝延长的，其投标在原投标有效期期满之后失效，投标人有权收回其投标保证金。

5. 投标保证金的退还

1）招标人最迟应当在与中标人签订合同后五日内，向中标人和未中标的投标人退还投标保证金及银行同期存款利息。

2）招标人终止招标的，应当及时发布公告，或者以书面形式通知被邀请的或已经获取资格预审文件、招标文件的潜在投标人。已经发售资格预审文件、招标文件和已经收取投标保证金的，招标人应当及时退还所收取的资格预审文件、招标文件的费用，以及所收取的投标保证金及银行同期存款利息。

3）招标人和中标人应当依照《招标投标法》和相关条例的规定签订书面合同，合同标的价款、质量、履行期限等主要条款应当与招标文件和中标人的投标文件的内容一致。招标人和中标人不得再行订立背离合同实质性内容的其他协议。

6. 投标保证金的没收

投标保证金没收的情形如表 3-6 所示。

表 3-6　投标保证金没收的情形

投标保证金没收的情形	投标截止后投标人撤销投标文件的
	中标人在规定期限内未能按规定签订合同或按规定接受对错误的修正
	中标人在规定期限内未能根据招标文件的规定提交履约保证金
	投标人采用不正当的手段骗取中标

3.2.6　投标人应禁止的行为

1. 禁止投标人之间相互串通投标

2. 禁止招标人和投标人串通投标

以上两点的详细内容见第 2 章 2.5.3 节。

3. 禁止投标人以行贿手段谋取中标

《反不正当竞争法》规定，经营者不得采用财物或者其他手段贿赂下列单位或者个人，以谋取交易机会或竞争优势：

1）交易相对方的工作人员。

2）受交易相对方委托办理相关事务的单位或者个人。

3）利用职权或者影响力影响交易的单位或者个人。

经营者的工作人员进行贿赂的，应当认定为经营者的行为；但是，经营者有证据证明该工作人员的行为与为经营者谋取交易机会或者竞争优势无关的除外。

同时，《反不正当竞争法》还规定：经营者在交易活动中，可以以明示方式向交易相对方支付折扣，或者向中间人支付佣金。经营者向交易相对方支付折扣、向中间人支付佣金的，应当如实入账。接受折扣、佣金的经营者也应当如实入账。

《招标投标法》也规定：禁止投标人以向招标人或者评标委员会成员行贿的手段谋取中标。

投标人以行贿手段谋取中标是一种严重的违法行为，其法律后果是中标无效，有关责任人和单位要承担相应的行政责任或刑事责任，给他人造成损失的还应承担民事赔偿责任。

4. 投标人不得以低于成本的报价竞标

以低于成本的报价竞标不仅属不正当竞争行为，还易导致中标后偷工减料，影响建设工程质量。《招标投标法》规定：投标人不得以低于成本的报价竞标。

《建筑工程施工发包与承包计价管理办法》中进一步规定：投标报价低于工程成本或者高于最高投标限价总价的，评标委员会应当否决投标人的投标。

5. 投标人不得以他人名义投标或以其他方式弄虚作假骗取中标

《反不正当竞争法》规定，经营者不得实施下列混淆行为，引人误认为是他人商品或者与他人存在特定联系：①擅自使用与他人有一定影响的商品名称、包装、装潢等相同或者近似的标识；②擅自使用他人有一定影响的企业名称（包括简称、字号等）社会组织名称（包括简称等）、姓名（包括笔名、艺名、译名等）；③擅自使用他人有一定影响的域名主体部分、网站名称、网页等；④其他足以引人误认为是他人商品或者与他人存在特定联系的混淆行为。

《招标投标法》第33条规定：投标人不得以他人名义投标或者以其他方式弄虚作假，骗取中标。《招标投标法实施条例》进一步规定：使用通过受让或者租借等方式获取的资格、资质证书投标的，属于《招标投标法》规定的以他人名义投标。投标人属于《招标投标法》规定的以其他方式弄虚作假的行为如表3-7所示。

表3-7　投标人以其他方式弄虚作假的行为

	使用伪造、变造的许可证件
	提供虚假的财务状况或者业绩
投标人属于《招标投标法》规定的以其他方式弄虚作假的行为	提供虚假的项目负责人或者主要技术人员的简历、劳动关系证明
	提供虚假的信用状况
	其他弄虚作假的行为

3.2.7　投标文件编写要点与技巧

1. 充分了解业主的需求、工作性质和特点

（1）深刻理解业主的工作性质和特点　业主的工作性质和特点，决定了业主对信息化应用的需要、信息化建设和发展的特点，只有深刻理解业主的工作性质和特点，甚至是主要业务的工作方式和特点，才能为业主设计出与工作紧密结合的信息化应用系统，从而达到利用信息技术推动业务发展的目的。以计算机信息系统为平台的信息化应用，在我国已经推行了 15 ~ 20 年，经过十多年的发展，信息化的应用领域越来越广泛、应用程度越来越深入。信息化与国家的政治、经济、军事、国防、科研、生产、教育文化、社会管理，以及个人的工作学习和家庭生活融合发展，已经成为当今社会的主流，信息技术的发展和应用使全球进入大数据时代。大数据时代，任何一个行业或领域都在利用信息技术推动业务发展，许多项目招标文件评分细则中设置了"业主需求理解"分值，考察投标人对业主项目需求了解的程度，对做好具体项目实施具有现实意义。例如，某国家机关大楼，含有处理主要业务的涉密网络、电子政务内网、互联网、公网电话等信息系统，在同一座建筑物中涉密与非涉密系统混合在一起，如何使涉密信息系统符合国家涉密信息系统分级保护建设规范要求，实现涉密信息的保密和安全，在系统建设时必须有具体的实施方案加以解决。当业主是一个国家机关时，法律赋予它的职能、它对信息化应用的要求和实际应用水平、它的主要业务对信息化系统的依赖程度、行业的上级和本级的信息化发展的总体规划、近期建设计划等信息对建设项目的规划、方案及具体实施都将起着重要作用。

（2）掌握业主的技术需要　全面、深刻了解掌握建设业主的需求，才能做出满足用户需求的投标文件。投标前期，投标人应当与业主进行深入细质的技术交流，掌握每个系统的技术要求。这项工作应当由负责该项目的工程师直接参与，掌握技术细节以及深层次的技术参数、系统架构、设备配置、主体功能等要求，这对于投标文件技术部分实施方案编制得成功与否起着关键性作用。投标人与甲方建立良好的信任关系，取得甲方的更多支持，主要体现在这方面。只有取得甲方的技术人员真诚的支持，对方才会与投标人全面交流技术需求，投标人设计的技术方案才能满足需要，进而会获得高分。相反，如果甲方应付你，那就很难了解到业主的真实需求，你的技术方案就会无的放矢，也就不可能做到量体裁衣，标书技术方案的得分值就不会高。凡是有技术队伍的建设业主，对自己的建设项目规划都会进行长时间的、深入的论证，然后形成最终的建设方案。可以这样说，在具体建设项目上，业主的技术人员比投标人的技术人员更有优势。因

此，投标人只有通过与建设业主的深层交流，听取他们的意见，才会更好地了解和掌握业主的技术需求，变被动为主动。

（3）努力争取业主的支持　　与业主进行充分交流，取得业主的大力支持，使其对你的优势予以认可，争取业主的支持点。争取业主在制定招标评分方法时设定对你更多的有利条件，减少不利因素。有利条件主要包括以下几点：

1）投标资格条件的资质，资格以外的资质可以作为加分条件。

2）同类型工程业绩。

3）质量认证。

4）设备采购项目的产品节能认证、环保认证、3C 认证、ISCCC 认证（国家信息安全专用产品认证）、CB 认证、CE 认证。

5）软件开发能力认证，著作权证书。

6）有自己的产品等。

7）企业获奖、产品获奖（包括政府、协会、行业、杂志社、媒体等组织颁发的奖项）。

8）小微企业。

要想获得建设业主的支持，仅仅停留在原则上的支持是远远不够的，甚至是无效的，必须落实在招标文件中，特别是要落实在资格条件和评分细则的设置上。从上述项目中选择对自己有利的条件，争取在评分细则中取得加分点。

当然，评分条件的设置应当符合相关法律法规，设置与项目有直接或间接关联的因素，与项目无关的因素、指向性因素不允许设置为加分条件，否则会被视为差别待遇或歧视性待遇。

以特定行政区域或者特定行业的业绩、奖项作为加分条件或者中标、成交条件的，属于差别待遇或者歧视待遇。采购人、采购代理机构不得将投标人的注册资本、资产总额、营业收入、从业人员、利润、纳税额等规模条件作为资格要求或者评审因素，也不得通过将除进口货物以外的生产厂家授权、承诺、证明、背书等作为资格要求，不得对投标人实行差别待遇或者歧视待遇。特别要注意业主对产品的选择意见。

（4）编写需求分析书　　需求分析书是信息化项目建设的详细陈述，是开展具体项目建设的依据，是系统设计的重要依据，是项目实施、工程验收的依据，当然也是投标人编制投标文件技术方案的重要组成部分。许多项目的招标文件中，将项目需求分析书规定为计分内容。因此，投标人参与项目竞争时，都应撰写项目需求分析书。

在充分了解业主需求的前提下，起草项目需求分析书，需求分析书应当包括建设业主的特点、性质，信息化建设对建设业主业务发展的作用，项目建设规模，各系统的性能参数、功能指标等要求，项目建设实现的目标等。对业主正在运营的项目，与本项目存在关联的，应当将其简要说明，保障新建项目与正在运行的项目的对接或兼容或统一管理等。

2. 仔细分析研究招标文件

（1）分工负责、集体讨论、共同研究招标文件　招标文件是编制投标文件的依据，也是评标的依据之一，投标人必须全面响应招标文件的要求，即便是要求不合理也必须响应。因此，投标人制作投标文件时必须认真阅读，不能有疏漏。项目经理、销售、技术三类人员要共同阅读，集体讨论，把招标文件的资格条件、符合性要求、格式要求、技术方案要求、产品技术参数证明材料、认证、产品售后服务、产品销售授权要求、商务要求、施工组织管理、售后服务承诺、评分方法等全部了解清楚，为编制投标文件做好收集资料的准备。将招标文件实质性要求的内容用彩色笔进行醒目标注，或对电子文件用彩色透明衬底或字体加粗等方式进行标注，便于查阅核对，防止遗漏。

（2）重点分析资格性和符合性（形式审查）要求　开标以后，进入政府采购项目的评审环节。第一步是对投标人的资格性进行审查，符合法律法规和招标文件要求的，通过资格性审查。第二步是进行符合性审查，对通过资格性审查的投标人进行符合性审查，符合招标文件要求的，通过符合性审查。第三步是对通过资格性和符合性审查的投标人进行详细评审（评分）。竞争性谈判不施行评分制，而是在资格性和符合性通过审查后，对商务、技术售后服务等要求进行审查，对满足招标文件基本要求的投标人进行 2 ~ 3 轮报价。第四步是推荐中标候选人，综合评分法以得分最高者为中标候选人；以竞争性谈判方式招标的，以报价最低者为中标候选人。

工程建设项目的招标，其评审方式与政府采购的评审方式有所不同。开标后首先进行形式审查，类似于政府采购评审的符合性审查。第二步是资格性审查。第三步是对商务、技术售后服务等要求进行审查和打分。第四步是推荐中标候选人。在实际招标中有综合评估法和经评审的最低投标价法两种方式。经评审的最低投标价法，即不实行打分制，在形式评审、资格性评审通过后，对商务、技术售后服务等满足基本要求的投标人进行报价比较，投标报价最低者为中标候选人。综合评估法与政府采购的综合评分法相同，即以得分最高者为中标候选人。

由于投标人编制的投标文件在资格性、符合性审查时不通过的将被作为无效投标处理。所以，在研读招标文件时应当重点分析研究项目设定的资格性、符合性要求。一般情况下，资格性、符合性要求应当注意以下内容：

1）各种资质证明（工程设计资质、工程施工资质、涉密资质、质量管理认证等）。

2）法人经营合法的证明材料：工商、税务、机构代码证照。

3）财务年度报表、第三方审计报告、纳税和缴纳社保证明材料。

4）3 年内投标人、法人代表、主要负责人没有违法记录的承诺。

5）具有良好的商业信誉。不具有良好的商业信誉，是指供应商在参加政府采购活动前曾被列入法院、工商行政管理部门、税务部门、银行的失信名单，且仍在有效期内，或者在前 3 年政府采购合同履约过程中或其他经营活动履约过程中未依法履约而被有关部门处罚（处理）的。

6）法律法规规定的其他条件。

7）文件的格式要求，标书的密封要求，商务与技术部分的装订要求，投标人的授权签字、盖章，法定代表人的签字盖章，逐页小签。

8）产品销售代理权、售后服务承诺书及保修时间等。

招标书提出的资格性、符合性要求，是必要条件，必须符合要求，有一条不符合要求，即被视为无效投标。

（3）分析招标文件设定的资格条件与法律法规不一致的问题　在阅读招标文件时特别应当注意的问题是，有时招标文件中没有对资格条件的设置及证明材料的提供提出要求，但是，法律法规有要求的资格条件和其他强制性要求，此时必须提供证明材料证明其符合法律法规要求，否则将出现资格性不合格等不利后果。有关"法律法规规定的其他条件"，详见第 2 章第 3 节、第 4 章的内容和相关行业的法律法规。这个问题是招标人、招标代理人、投标人最容易出错的地方，也是投标人学习、掌握和理解法律法规及正确适用法律法规能力的体现。

（4）认真研究加分的条件，提供有效的、完善的证明材料　投标文件资格性、符合性审查通过后，投标人得分高低就成为竞争取胜的关键，因此投标人应当认真研究招标文件的评分细则，努力争取获得最高分值。审查评分方法时应重点关注下列内容：

1）作为资格条件以外的资质加分条件。

2）工程业绩加分条件。

3）财务状况加分条件。

4）项目实施人员、售后服务人员加分条件，包括高级项目经理、一级建造师、高级职称以及其他执业资格证书的加分条件。

5）技术方案、技术正负偏离加减分条件。

6）产品的节能、环保认证、地方名优产品目录，投标人质量管理认证、投标产品厂家的质量管理认证加分条件。

7）产品的销售排名加分条件。

8）软件产品著作权加分条件。

9）售后服务评分办法。

（5）审查是否存在差别待遇或歧视待遇的问题　在阅读招标文件时，应当注意招标文件中规定的资格性、符合性要求是否存在"以不合理的条件对供应商实行差别待遇或者歧视待遇"的问题，是否存在法律法规禁止性规定，是否存在指向性问题。如果存在类似问题，招标人或招标代理人应当主动修改招标文件或采购文件，投标人应当在质疑期内向招标人或招标代理人提出书面质疑。禁止设置与项目无关的条件来限制其他潜在投标人的资格性、符合性和其他实质性条件，禁止以不合理的条件对供应商实行差别待遇或者歧视待遇。

按照我国的法律原则要求，工程招标投标和政府采购活动应当遵循公开、公平、公正和诚实信用的原则。采购人可以根据采购项目的特殊要求，规定供应商的特点条件，但是不得以不合理的条件对供应商实行差别待遇或者歧视待遇。这是法律法规的禁止性规定，违者应当受到查处。

3. 证明材料的有效性

（1）证据的基本概念　证据是证明事物客观真实性的信息载体。一般来说，以证据的来源为标准，可以把证据分为原始证据和传来证据；以证据事实的表现形式为标准，可以把证据分为言词证据和实物证据；以证据的证明方向为标准，可以把证据分为有罪证据和无罪证据；以证据的证明作用、方式为标准，可以把证据分为直接证据和间接证据；根据证据事实与诉讼主张的关系，可以把证据分为本证和反证。

用来作为证据的材料在未被确认为证据之前，统称为证明材料。当证明材料具备证据力和证明力时，证明材料转化为证据。

投标文件中提供的证明材料应当保证其真实有效。在招标投标活动中，用来证明投标人符合法律法规和招标文件规定的资格性、符合性、商务性、技术性、售后服务等要求的材料统称为证明材料，这些证明材料具备证据力和证明力时，即成为证据。

（2）证明力的基本概念

1）证据力是指证据材料进入诉讼，作为定案根据的资格和条件，特别是法律所规定的程序条件和合法形式。在招标投标活动中，证明材料具备招标投标活动规定事实的证明资格和条件，即为证据力。例如，证明对象为投标人依法缴纳社保资金，投标人缴纳社保的凭据、社保局出具的社保缴纳查询报告、银行转账凭据等，具备"依法缴纳社保"的证明资格，即具备证据力，当招标文件不加限定时，上述三种证明材料都可以作为证据使用。

2）证明力是指证据所具有的内在事实对案件事实的证明价值和证明作用，特别是法律所规定的程序条件和合法形式。在招标投标活动中，证据具有对认定事实的证明价值和证明作用，称为证明力。例如，工程资质证书，其证书原件和复印件都具备对投标人某种工程施工能力的证明。当然，证书原件的证明力大于复印件。

3）证据的内容与证明对象的统一性。证据的内容是证据本身内在具有的证明能力，它具有客观实在性和关联性，它与证明对象具有统一性或指向性。例如，在政府采购活动中，证明投标人具备独立民事责任能力，提供注有"法定代表人"的企业营业执照，则表明该法人是经工商部门注册的具备独立法人资格的企业法人组织。

（3）招标投标活动中的直接证据与传来证据　根据证据学的基本原理，依据证据来源的不同，可将证据划分为原始证据和传来证据。

1）原始证据：凡是直接来源于案件事实，未经复制或转抄的证据，皆为原始证据，也是案件的第一手材料。在民事诉讼中，合同纠纷中的书面合同、订货合同中的样品、对案件事实亲自耳闻目睹的证人证言等，一般都属于原始证据。在招标投标活动中，投标人提供的营业执照原件、工程资质证书原件、认证证书原件、厂家印制的产品技术参数介绍等都属于原始证据。这种证据直接从证书颁发机构产生，是来源于原始出处的证据，因此这种证据的真实性、可靠性较大，对案件或事物的证明作用也比较强。

2）传来证据：凡不是直接来源于案件事实，而是间接来源于案件事实，经过复制、转述的证据，皆为传来证据。常见的传来证据有：物证的复制品，文件的副本、影印件、抄件，非亲自感受案件事实的证人证言。传来的证言必须有确切的来源和根据，没有确切来源的道听途说不是传来证据，不能作为定案的根据。只有在原始证据不能确定或者确有困难时，才能用传来证据代替。在民事诉讼和刑事诉讼中，如果案内只有传来证据而没有原始证据，不能认定案件事实。

在招标投标活动中，绝大部分招标文件要求提供的证据材料为复印件，即传来证据，少部分项目要求提供证书原件备查，即原始证据。投标文件作为承诺的依据，不返回投标人，所以不能要求提供具有长期效力的法定证件。当招标项目预算金额较大，要求提供证书的原件备查时，应在评审结束后将证书原件返回投标人。

招标文件中要求提供的传来证据有证照、认证证书、检测报告等的复印件、扫描件、扫描打印件。这三种传来证据在形成的技术手段和编辑方式上有较大差别，因而伪造的难度也有较大差别。复印件成文的方式是磁鼓滚印，篡改后容易留痕迹，篡改有一定难度。扫描件和扫描打印都可通过对原件扫描形成电子文档，再利用画图板进行篡改，相对容易实现。实践中，投标人将他人的资质证书改头换面，换成自己的名字；证书有效期逾期的，篡改时间；将某年的财务审计报告篡改为另一年度的等造假问题时有发生。因此，从证据的证明力来说，复印件大于扫描件和扫描打印件。在招标投标实践中，绝大多数招标文件要求提供证书的复印件，而不是扫描件或扫描打印件。当然，电子文档形式的投标文件只能提供证书的扫描件。在投标时，要求提供复印件，则不能提供扫描打印件，否则可能被认定为无效的证明材料，承担无效投标的不利后果。

（4）招标投标活动中证据的六大要素　招标投标活动中，往往要求投标人提供证据证明自己符合投标文件的资格性、符合性、技术方案、商务、售后服务等要求，并对证明对象的证明材料进行了具体规定。有些证据不能只具有民事诉讼法意义上的证据力，在具体招标项目中，指定的具体证据必须满足要求，这也符合《招标投标法》和《政府采购法》的要求。政府采购和工程招标投标活动中的证据特点主要有六大要素：证据的合法合规性、证据形式的符合性、证据产生机构的符合性、证据的证明对象符合性、证据链的完善性、书面证据呈现的内容清晰度。这六大要素是招标投标活动和政府采购活动中证据证明力的主要体现，具体分析如下：

1）证据的合法合规性：用于证明投标人资格性符合法律法规要求的证据，应当符合法定性要求。

2）证据形式的符合性：证据的外在表现，如证书原件、复印件、扫描件或扫描打印件、检测报告复印件、厂家产品销售代理授权书原件、厂家产品技术介绍彩页（原件）、厂家产品技术介绍彩页复印件，应当与招标文件要求相符合。证据的形式涉及证据的证明力，形式不同其证明力可能不同，如证书原件的证明力大于复印件。

3）证据产生机构的符合性：颁发或出具某种事实的证明材料的机构，应当与招标文件要求相符合。

4）证据的证明对象符合性：例如，对于信息化工程施工项目招标，按照《政府采购法》的要求，投标人应当具备履行合同所具备的专业能力，证明对象是信息化工程施工专业能力。招标文件应当要求提供"电子与智能化工程施工资质证书"，作为证明信息化工程专业能力的证据，这是住建部新颁布的《建筑企业资质标准》设立的信息技术类工程资质。

5）证据链的完善性：一个证明对象往往需要多个证据形成一个证据链来证明某种事物的真实性。

6）书面证据呈现的内容清晰度：在招标投标活动或政府采购活动中，绝大多数证明材料要求提供复印件，往往复印件经过多次复印后，字迹模糊不清，影响了证据的有效性，实践中往往对字迹模糊不清的证明材料不予认可。例如，作为工程业绩的合同复印件、审计师资格证书复印件等，由于签证盖章模糊不清而被否定。

总之，在招标投标实践活动中，要使证明材料成为证据，即具备证据力和证明力，一是证据应当符合法定性要求，二是证据的形式符合要求，三是证件的产生机构符合要求，四是证据与证明对象相吻合，五是证据链应当完善，六是证据呈现的内容清晰可见。

4. 注意投标文件的格式

整体投标文件，如有格式要求，按要求提供，无具体要求的，按照招标文件中"投标文件组成"规定的内容顺序编制。政府采购中招标文件规定的格式并非投标文件的整体格式，而是单个文件的格式。如果按照规定的单个文件格式的顺序进行整体编排投标文件，其文书的整体结构不合理、不科学，组合归类混乱，不是一部好的投标文件。评委在审查资格性、符合性时，查找困难，极不利于评委审查证据。在实践中，投标人将规定的单个文件格式理解为整体文件格式是不正确的。

单个文件的格式应当按照招标文件的模板格式填写应答，包括标题、内容和备注。内容应当按照要求填写，不能只填写"详见××"，而不回答具体内容，特别是技术参数偏离表，设计该表的目的是为评委审查投标产品技术参数提供方便，提高审查效率。如果只回答"满足，详见××"，则没有起到设置该表的作用。因此投标文件应当逐项应答招标文件的技术要求，不应当仅回答存在偏离的部分参数，否则就失去了"技术参数偏离表"存在的实际意义。文件格式不符合要求，将被认定为符合性不过，做无效投标处理。

应当特别注意表格下方的"注"，实践中经常存在将该内容删除导致无效投标的情况。特别是"开标一览表"的"注"不能删除，因为该"注"包括项目总价所含的各种费类，如果没有该内容，将存在价格方面的实质性差别。

3.3 建筑工程投标策略

3.3.1 组建良好的投标班子

投标人通过资格审查，购领招标文件和有关资料之后，即可按招标文件确定的投标准备时间着手开展组建投标班子或委托投标代理人。

为了在建设市场竞争中获得胜利，投标单位应设投标办事机构，并及时掌握和分析建设市场动态，积累相关技术经济资料和数据，遇到招标工程时，则要及时研讨投标策略，编制标书，争取中标。投标工作并非由少数经济管理人员编制标书、从事报价就能完成，而是需要投标单位的主要行政、技术负责人和有关业务部门组成强有力的班子共同完成。

1）企业经理或业务副经理作为主要负责人，应能及时进行决策，并根据建设市场变化及时调整策略。

2）企业总工程师或专业副总工程师负责投标项目的实施方案组织、技术措施、施工工艺、工程质量、工期进度等措施的制定。

3）企业合同预算部门的负责人负责投标报价工作，但投标报价要与所制定的投标策略相协调。

4）企业器材部门负责人要充分了解建材市场行情，能为投标决策者提供有关器材供应、价格方面的信息。

5）财务会计部门负责人要提供本单位的工资、管理费、设备折旧费及有关社会平均利润等有关标价方面的资料。

6）生产技术部门负责安排工程计划，协助本单位技术负责人制定质量保证文件及施工技术方案。

为了保证投标的准确性，必要时可请有信誉的工程咨询公司和技术信息单位协助提供必要的技术、经济信息以及编制投标报价书。为了保守本单位对外投标报价的秘密，投标工作人员不宜过多，尤其最后决策的人员要少而精，以控制在本单位负责人、总工程师及合同预算人员范围之内为宜。

3.3.2　广泛搜集各种招标信息和情报

作为一个即将参与投标的企业，建立功能强大、反应高效的信息资源库是十分必要的。投标人要对投标项目进行分析，首先要取得各种有效信息。这些信息，既有国内外的各种宏观经济政策信息，也有社会、经济、环境、法律信息，还有各地的省情、市情等信息；既有关于投标项目本身的信息，又有关于竞争对手的信息。只有事先掌握充分、准确、客观的信息，才能做好投标工作。

企业参与投标，首先要做的就是采集招标信息。如果招标人采用公开招标方式，应当通过国家指定的媒体发布招标公告。如：国家发展和改革委员会指定《中国日报》《中国经济导报》《中国建设报》和《中国采购与招标网》发布依法必须进行招标的政府采购项目的招标公告；财政部指定《中国财经报》和《中国政府采购网》发布政府采购项目的招标公告；原国家经济贸易委员会指定《中国招标》杂志发布技术改造项目的政府采购招标公告。

另外，一些地方政府、工程交易中心、政府采购中心等网站和媒体也可发布相关招标信息。如果招标人采用邀请招标的方式，则招标范围由招标人确定，不公开发布招标信息。因此，对企业来说要想全面掌握招标信息，除关注上面提到的相关媒体之外，还应设法与招标机构建立密切的关系，便于立即了解有关信息。另外，从项目源头掌握招标信息也是一个应充分重视的途径。

收集信息后需要认真地对招标信息进行过滤和筛选。这种筛选应以规范性、适用性、及时性为准则，但由于没有统一的发布公告的媒体，所以容易有信息发布混乱的情况。一些公告只在专业性或地方性的报纸上发布，看起来是公开招标，而实际上却带有较强的倾向性。不够规范、缺乏信用的招标机构也会使公开招标不够公平、公正。因此，选择规范的招标项目进行响应是投标的首要原则。其次是适应性，在大量的招标信息中要选择适合自己产品的标，以提高中标率，减少不必要的支出。

3.3.3　常用的投标策略

确认某一具体工程值得投标后，这就需要采取一定的投标策略，以达到既有中标机会，今后又能赢利的目的。常见的投标策略有以下几种，如表3-8所示。

表3-8　投标策略

策略名称	内容
靠提高经营管理水平取胜策略	主要靠做好施工组织设计，采取先进的施工技术和施工机械，精心采购材料、设备；选择可靠的分包单位，力求节省管理费用，从而有效地降低成本并获得较大的利润
合理化建议策略	以新工艺、新材料、新设备、新施工方案为重点，既能改进原设计方案，又能降低工程造价，还能保证功能要求和质量标准
低利润策略	承包任务不足，竞争又激烈时，不如以低利承包到一些工程。此外，承包商初到一个新的地区，为了打入这个地区的承包市场，建立信誉，也往往采取这种策略
加强索赔管理	有时虽然报价低，但着眼于施工索赔，还是能赚到高额利润。所谓中标靠低价，赢利靠索赔
未来发展策略	为争取将来的优势，宁愿目前少赢利。承包商为了掌握某种有发展前途的工程施工技术，就可能采取这种策略

3.3.4　投标报价策略的运用

投标报价策略是投标策略的一种。精明的报价既能对招标单位有较大的吸引力，又能使承包商得到足够多的利润。考虑到投标报价对投标影响巨大，运用方法也较多，这里在投标策略之外，单独对投标报价进行讨论。

1. 不平衡报价策略的运用

不平衡报价，指在总价基本确定的前提下，调整内部各个子项的报价，以期既不影响总报价，又在中标后使投标人可尽早收回垫支于工程中的资金和获取较好的经济效益。同时，要注意避免出现畸高畸低现象，避免失去中标机会。通常采用的不平衡报价有下列几种情况，如表 3-9 所示。

表 3-9　不平衡报价策略的几种情况

不平衡报价	对能早期结账收回工程款的项目（如土方、基础等）的单价可报以较高价，以利于资金周转；对后期项目（如装饰、电气设备安装等）的单价可适当降低
	估计今后工程量可能增加的项目，其单价可提高；而工程量可能减少的项目，其单价可降低
	图纸内容不明确或有错误，估计修改后工程量要增加的，其单价可提高；而工程内容不明确的，其单价可降低
	没有工程量只填报单价的项目，其单价宜高。这样既不影响总的投标报价，又可多获利
	对于暂定项目，实施的可能性大的，价格可定高价；估计该工程不一定实施的，可定低价

2. 多方案报价法的运用

对于一些报价文件，当工程说明书或合同条款有不够明确之处，条款不很清楚或很不公正或技术规范要求过于苛刻时，承包商将会承担较大风险。为了降低风险，必须提高工程单价，增加"不可预见费"，但这样做又会因为报价过高而增加了被淘汰的可能性，多方案报价法就是用来应对这种两难局面的。其具体做法是，在标书上报两个价格，按照原招标文件报一个价，然后提出"如果技术说明书或招标文件某条款做某些改动时，则本报价人的报价可降低多少"，再给出一个较低价，以吸引业主。

3. 低价投标夺标法的运用

低价投标夺标法有时被形象地称为"拼命法"，即为了占领某一市场或为了争取未来的优势，宁可目前少盈利或不盈利，或采用先亏后盈法，先报低价，然后利用索赔扭亏为盈。采用这种方法的，必须有十分雄厚的实力，或有国家或大财团做后盾。采用这种方法时应先确认业主是按照最低价确定中标单位，同时要求承包商拥有很强的索赔管理能力。

4. 突然降价法的运用

突然降价法是为迷惑竞争对手而采用的一种竞争方法。通常做法是，在准备投标报价的过程中预先考虑好降价的幅度，然后有意散布一些假情报，如打算弃标、按一般情况报价或准备报高价，等临近投标截止日，突然前往投标，并降低报价，以期战胜竞争对手。

3.3.5 投标时应注意的细节问题

在投标过程中，投标人提交的每一份投标文件，都凝聚着投标决策者和众多专业人员的大量心血，且财力物力花费不菲，因此几乎所有投标人都十分珍惜每一次中标的机会。但在具体招标投标实践中，有的投标人屡战屡败，甚至投标文件被作为废标来处理，往往是乘兴而来，败兴而归，付出了劳动但却找不出失败的原因。导致这种现象发生的原因，除了投标人自身实力、投标策略等客观因素外，主要还在于投标人对招标文件的研究不够深入，在细节的处理上欠妥。

1. 投标文件的格式

（1）投标文件的编制要求 投标文件通常是由投标函、投标函附录、商务标文件、技术标文件、资格审查文件等组成，不同的招标文件对投标文件的组成要求也是大同小异。投标人要按照招标文件要求的内容、顺序和标准格式编制投标文件，避免出现漏项、错项、画蛇添足等现象。招标文件要求必须提供的内容应当章节清晰、一目了然，以便于评标委员会审阅，这能在无形中使自己得到一个较高的"印象分"。有的招标文件在投标人必须填报的资料外，还允许填报投标人认为应当填报的其他内容，该部分不是评标委员会评审的重点，如招标文件没有特殊要求，一般应附在最后，篇幅也不宜过长，以免造成滥竽充数之嫌。同时竞投多个标段的，还要注意每个标段是要求分别填报标书，还是汇总后填报一套标书等细节。

（2）投标文件的签署要求 首先，所有"签字盖章处"，尤其是《投标函》和《投标函附录》，都应按要求盖章签字。其次，应注意招标文件是否允许用"投标专用章"等其他公章代替"投标单位公章"，是否允许用盖章代替签字，是否要求"页签"等。

（3）投标文件的装订要求 有的招标文件要求商务标、技术标同册装订，有的要求分别装订；有的招标文件禁止投标文件用可拆装工具装订等。

（4）投标文件的密封要求 通常招标文件要求的投标文件份数为正本一份、副本若干份，但在密封上对正本和副本的要求不尽相同，有的招标文件要求正本和副本分别密封后，再密封为一包；有的则要求正本、副本一起密封；还有的要求投标函单独密封等。有的招标文件要求外包密封处加盖"密封"章，有的要求加盖"投标单位公章"等。

2. 投标文件的商务标编制细节

（1）慎用低价 投标人不得以低于成本的报价竞标。在评审过程中，评标委员会发现投标人的报价明显低于其他投标报价，或明显低于标底的，或其投标报价可能低于其个别成本的，应当要求投标人做出书面说明并提供有关证明材料。投标人不能提供合理说明，或不能提供相关证明材料的，由评标委员会认定其低于成本报价竞标，其投标做废标处理。因此投标人在采用低价竞标策略时应十分谨慎，不要为得高分而盲目压价。

（2）严格对照招标清单报价 投标人应严格对照招标人提供的招标内容清单进行报价，单价报价与合价报价不一致的，以单价金额为准；分项报价与总价报价不一致的，以分项报价为准；大小写金额不一致的，以大写金额为准。

3. 投标文件的技术标编制细节

要与招标文件要求的技术标内容逐项对应，防止漏项。招标文件要求提交的技术图纸、检测报告、会计报表、业绩信誉等，要注意其全面性、有效性。

在编制技术标时，大多数投标人会在同类投标项目的技术标文档的基础上进行修改编辑。此时投标人应当组织专业人员对文件进行认真复核，避免下笔有误和手工删改。

4. 投标文件的提交

投标文件提交时间宜早不宜迟，如若出现异常情况无法按时提交投标文件，将会给投标人造成无法挽回的损失。

5. 尽量把有效资料提供齐全

要把企业的基本情况表述清楚，不应局限于招标文件中要求的内容。企业的基本情况包括企业的营业执照、法人代表授权书、企业的经营状况、中标情况等。有些企业的实力很强，业绩也不错，但提供的招标文件却不充分。如果投标人缺少某些关键材料，是不会被评标专家认可的。

3.4 实践中经常发生的无效投标案例

3.4.1 资格性条件不符合规定要求

资格性条件不符合规定要求的情形主要有 10 种，如表 3-10 所示，后面会对这 10 种情形进行详细的介绍。

表 3-10　资格性条件不符合规定要求的情形

属于资格性条件不符合规定要求的情形	未提供缴纳社保证明、纳税证明导致无效投标
	未提供财务审计报告，或报告有瑕疵
	受招标文件误导，导致投标无效
	联合体投标出现资格问题，导致无效投标
	营业执照复印件不符合要求
	产品授权书无效
	不具备独立法人资格的分公司以自己的名义投标
	子公司用母公司资质证书参加投标，被认定为无效资质
	缺少未被列入失信名单、未在行政处罚期内的承诺
	不符合法律、行政法规规定的其他条件，导致资格性不合格

1. 未提供缴纳社保证明、纳税证明导致无效投标

在政府采购中，无论招标文件是否做出规定，投标人都应当提供纳税和缴纳社保资金的证明材料。当招标文件没有做限制性规定时，社保局出具的缴纳社保证明、缴费凭据、查询报告，银行出具的缴费回单等均可以作为依法缴纳社保的证据使用；税务局出具的纳税凭据、纳税证明，银行出具的转账回单均可以作为依法纳税的证据使用。

在实践中，往往因为招标文件对纳税和缴纳社保资金的证据做了限定性要求，这些限定性要求有时间（月份）、出具机构、证明材料类型等，不满足要求则不能作为证据采用，从而导致资格性不符合而被判为无效投标。

2. 未提供财务审计报告，或报告有瑕疵

审计报告的组成、审计机构营业执照、主任会计师证书、审计师的注册会计师证书、审计人的签字等存在问题，导致投标无效。如，审计人的签字不符合《财政部关于注册会计师在审计报告上签名盖章有关问题的通知》的规定。

3. 受招标文件误导，导致投标无效

由于招标文件的编制存在问题，仅要求投标人提供依法纳税和缴纳社保的承诺函，提供具备履行合同所需的专业设备和专业技术能力的承诺函等。误导投标人没有按照法律法规的要求提供证明材料，从而导致无效投标。有些评委和招标代理人认为，招标文件没有要求，就只按照招标文件执行，这种观点是错误的。理由很简单，评审规则明确规定，资格性审查依据法律、法规和招标文件。三者的法律效力，法律第一位，法规第二位，招标文件处于最后一位。招标文件必须依据法律法规制定，招标人或招标代理机构无权超越法律法规，更不能违背法律法规的强制性规定。当它们的规定不一致或存在矛盾时，按照法律处理，即法律的效力大于法规，法规大于行政命令或决定，行政命令或决定大于规范性文件，规范性文件大于具体的招标文件。

在实践中，经常遇到投标人提供的资格性证明材料不具有证明力的情况，按照证据的证明原则，应当做否决处理。个别评委认为，评委不能证明投标人不符合资格要求，不能认定其无效。这种观点是错误的，混淆了评委与举证者的责任，评委是审查评判者，投标人是举证者，是被审查者，是举证责任的承担者。资格审查的证明对象是投标人满足资格条件要求，举证责任人是投标人，不是评委。如同法院审理案件，原告和被告对自己主张的事实提供证据证明自己的主张是客观存在的事实，主张人承担举证责任。审判者对原告或被告主张的事物提供的证明材料进行分析审查，如果其证明材料能够作为证据使用，即具备证明力，那么，就判定主张人的主张的事实成立，法律给予支持。如果其证明材料不具备证明力，即不能证明自己的主张事物是客观存在的，无论其主张的事物实际上是否真实客观存在，法律均不予支持。在审判过程中，法官是证据的审查者，原告和被告是自己主张的证明者，是举证责任的承担者。

招标文件误导的情形还有：

1）对于"依法纳税和缴纳社保的良好记录"的证明材料，招标文件仅要求提供承诺函；对于承担项目所具备的专业设备和专业技术能力，招标文件仅要求提供承诺函，或提供企业营业执照复印件。

2）法律法规规定的其他条件，招标文件仅要求提供承诺函。

3）3 年内无违法记录的证明，招标文件仅要求提供检察机关犯罪受贿记录查询函原件或复印件等。

4. 联合体投标出现资格问题，导致无效投标

联合体投标时，其中一方提供的资格性证明材料不完善，将导致投标无效；联合体协议签署人没有合法授权，使联合体协议无效，导致投标无效；联合体协议分工与资质证书不吻合，也会导致投标无效。

关于联合体投标的资质，《招标投标法》明确规定：联合体各方为同类业务的公司，以资质较低的单位为准。

5. 营业执照复印件不符合要求

取消营业执照年检制之前，投标人提供营业执照时存在的问题较多是年检的问题；取消营业执照年检制之后，投标人提供营业执照时存在的问题较多是证据的形式问题。一般要求提供营业执照副本复印件，在实践中，提供扫描打印件的

现象非常普遍，较大项目评审时对其做否决处理，小项目勉强通过。投标人不要因图方便而承担风险。

6. 产品授权书无效

对于技术服务标准统一、市场竞争充分且可以在中标、成交后通过合法渠道获得产品的货物采购项目，采购文件不得将供应商在投标报价前获得的厂家授权或承诺作为资格性审查、符合性审查和其他实质性审查的事项。对于技术服务标准不统一、市场竞争不充分的采购对象，并不适用该项禁止性规定。也就是说，厂家授权书的使用在投标活动中还存在，投标人应注意。

7. 不具备独立法人资格的分公司以自己的名义投标

无独立法人资格的分公司以自己的名义参与投标，主体资格不符合具备独立民事责任能力，其标书做无效投标处理。例如，移动运营商参加招标投标活动，分布在全国各地的分公司为非独立法人（营业执照上标注为"企业负责人"），是不具备独立民事责任能力的主体，因此移动运营商分公司不能以自己的名义参与投标活动。如果要参与投标，必须以总公司（具备独立法人资格）的名义投标，才能成为合法的投标活动主体。

在实践中，像"移动运营分公司以自己的名义投标"这样的由于不"具备独立民事责任能力"而被判定为资格性不合格的案例较多。投标人以总公司名义投标，部分文件加盖分公司公章，也是属于无效公章，涉及资格性的则资格性不通过，涉及加分的则不予加分。

8. 子公司用母公司资质证书参加投标，被认定为无效资质

按照我国《公司法》的规定：子公司具有独立法人资格，对外独立承担民事责任。子公司使用母公司或总公司的资质证书参加投标，并由总公司证明，允许其子公司使用该资质，这是无效资质。法律规定投标人应当具备独立民事责任能力，应当具备相应专业技术能力，提供相应的工程资质，只要投标人提供的资质与自己的名称不同，就不是自己的资质，不能证明投标人具备相应的专业技术能力。总公司给子公司授权使用自己的资质，实质上是一个法人将自己的资质授权给另一个法人使用，是一种无效授权，是违法的行为。因为资质具有法定性，颁发权由政府职能部门行使，获证公司无权将资质证书转让给下属子公司或其他公司使用。如果分公司计划使用总公司的资质证书，就要以总公司的名义参与投标，形式上才是合法的。

9. 缺少未被列入失信名单、未在行政处罚期内的承诺

现在全国建立了企业失信名单数据库，凡是在经营活动中被行政管理部门责

令整改、停止营业、吊销执照的企业，或有拒不执行法院判决、财产被接管或冻结、被暂停或取消投标资格、在最近 3 年内有骗取中标或严重违约或重大工程质量问题等问题的企业，将被列入失信名单数据库。在处罚期内禁止参加工程招标投标和政府采购活动。投标人在投标文件中应当做出无上述失信行为的承诺，中标后由招标人进行审查。

在工程招标投标实践中，由于招标文件中的格式文件没有"无失信承诺"格式文件，反而有一个"有无诉讼的承诺函"格式，许多投标人只提供了"有无诉讼的承诺函"，没有提供"无失信承诺"，导致资格性不符合，投标无效。

10. 不符合法律、行政法规规定的其他条件，导致资格性不合格

法律、行政法规规定的其他条件作为政府采购投标人资格条件之一，是一种兜底性规定。这一要求保证了《政府采购法》实施以后，我国颁布的与政府采购有关的法律法规能够得到有效贯彻落实，使法律法规的规定具备长期适用性和稳定性。与政府采购有关的法律法规存在于不同时期颁布的不同文件中，因此，要想了解与政府采购活动有关，与具体采购项目有关的法律法规，必须全面了解、学习相关法律法规。对投标人来说，法律法规对于本行业的强制性要求应当熟悉和知晓，这样才能在投标活动中立于不败之地。

其他行业的专业设备，国家有强制性规定的，也应当在投标人资格条件中落实。

【案例 3-1】受采购人委托，2018 年 6 月 3 日，某政府采购代理机构开始就其所需的实验室教学设备项目进行公开招标。6 月 25 日，开标活动如期举行。6 月 29 日，采购代理机构公布了中标结果。看到中标结果后，Q 公司认为中标人 G 公司有 3 项资格未达到招标文件的要求，不是合格投标人，不应该中标。Q 公司于 7 月 27 日提出质疑，却迟迟未得到采购代理机构的答复，于是向当地财政部门提起了诉讼。

据了解，根据招标文件的实质性要求，投标人应具有 ISO 质量管理体系认证证书，并提供复印件（验原件）；投标人应提供近两年来在相关领域内不少于 3 项成功案例的合同复印件（验原件）。而在参加此次投标的 5 家投标人中，仅投诉人 Q 公司提供了本公司的 ISO 质量管理体系认证证书复印件及不少于 3 个成功案例的合同，但评标委员会却将其他 4 家投标人的投标文件全部纳入比较与评价范围，直接进行比较与评价。另据了解，在这个采用综合评分法进行评审的项目中，采购代理机构还将投标人的资格条件列入了评分因素。

【案例分析】根据《政府采购货物和服务招标投标管理办法》的规定：评标应先对投标文件进行资格性审查和符合性审查，符合性审查是依据招标文件的规

定，从投标文件的有效性、完整性和对招标文件的响应程度的角度进行审查，以确定是否对招标文件的实质性要求做出响应。而比较与评价环节是对资格性检查和符合性检查合格的投标文件进行商务和技术评估，综合比较与评价。

本案例中，既然招标文件把"提供 ISO 质量管理体系认证证书复印件及不少于 3 个成功案例的合同"列入了实质性要求，那么，如果有投标人未能按要求提供，就意味着其在符合性检查时就已经被淘汰了，不应进入比较与评价的环节。

根据财政部《关于加强政府采购货物和服务项目价格评审管理的通知》的规定：投标人的资格条件不得列为评分因素。因此，本案例中，招标文件出现了明显不符合政府采购规定的内容。但根据《政府采购法》，供应商认为采购文件使自己的权益受到损害的，可以在知道或者应知其权益受到损害之日起 7 个工作日内，以书面形式向采购人提出质疑。对质疑答复不满的，可以在质疑答复期满后 15 个工作日内向同级政府采购监督管理部门投诉。

而 Q 公司拿到采购文件已经有一个月了，所以已经错失了质疑投诉的良机。监管部门在审理投诉时还是有必要指出招标文件中欠完善的地方，以便于采购代理机构改进工作。对于本案例中，采购代理机构对投标人的质疑置之不理的做法，应追究其责任。因为根据《政府采购法》：采购代理机构应当在收到书面质疑后 7 个工作日内做出答复，并以书面形式通知质疑供应商和其他有关供应商。

3.4.2 符合性存在问题导致无效投标

由于符合性存在问题导致无效投标的情形主要有 5 种，如表 3-11 所示，后面会对这 5 种情形进行详细的介绍。

表 3-11 符合性问题的情况

	签字盖章不符合要求
	标书格式问题导致无效投标
符合性问题	技术参数偏离表存在问题
	技术参数表（或技术参数偏离表）复制或绝大部分复制，做无效投标处理
	缺少认证或检测报告等证书，导致无效投标

1. 签字盖章不符合要求

投标人法定代表人或授权代理人签字盖章不符合招标文件规定的，被认定为无效投标。例如，法人代表授权书中无被授权人签字，有的被授权代理人自己给自己授权，即无法人代表授权签字，其法律关系不成立；投标函应由法人代表或授权代理人签字和盖章，而投标人只有盖章无签字，或者只有签字没有盖章，或者用手写体的印章替代签字。公司可以规定本公司自己的行为，对公司以外的行为无效，投标人的投标文件必须符合招标文件的要求。在招标投标活动中，投标人没有公司大小和等级之分，其法律地位均是平等的，即平等地享有权利，平等地承担义务。因此，不按照规定签字盖章，肯定被视为无效投标。

不按要求在多页分项报价表逐页签字而被判定为无效投标的情况也较多，授权代理人签字、标书逐页小签等问题也经常出现。

证明文件为复印件加盖投标人公章是常态化要求，公章或盖章不符合要求而被认定无效投标的情况很多。如"授权专用章""合同专用章""投标专用章"等，均不属于法人公章，在投标文件中加盖均无效。

2. 标书格式问题导致无效投标

投标文件或响应文件格式问题导致无效投标的主要情况见表 3-12。

表 3-12　投标文件或响应文件格式问题导致无效投标的主要情况

投标文件或响应文件格式问题导致无效投标的主要情况	投标文件的装订格式没有按照要求将商务部分与技术部分分别装订；开标一览表没有单独封装
	技术部分违背了不准有公司名称和标识的规定
	封装不符合密封要求
	现场检查时被对手故意破坏封装
	漏填报格式表格。在招标文件格式章节中的表格，由于招标文件组成中没有要求该表格，投标人就没有填报。此类问题将按照格式不符合要求被认定为无效投标或者扣分
	未按照表格标注的内容填写

3. 技术参数偏离表存在问题

投标文件的技术参数偏离表中存在漏项、偏离项超过规定数量、格式不符合要求等问题，会被认定为符合性不通过，进而导致无效投标。

没有按照招标文件的要求逐项详细填写技术参数偏离表，仅回答"详见××"。该表的设置是为评审提供方便，不按照要求响应将被视为格式不符合要求，做无效投标处理。

4. 技术参数表（或技术参数偏离表）复制或绝大部分复制做无效投标处理

为了防止投标人对技术参数进行虚假承诺，应付招标要求，技术参数复制或绝大部分复制的，做无效投标处理。有的招标文件在技术参数偏离表的备注中也会对此做出明确要求。在实践中，由此类原因导致无效投标的情况经常发生。

5. 缺少认证或检测报告等证书导致无效投标

有的公司本来就没有某种证书，或商务人员对一些不常用的证书并不知晓，但为了说明自己公司实力是很强的，在业主面前过于吹嘘自己什么证书都有。结果业主在制定招标文件时，资质证书、认证证书要求过于全面，本来与此项目无关紧要的证书都被列为资格要求或实质性要求，甚至可能导致有效投标人不足 3 人，造成废标。

有些招标文件的技术参数表中要求提供"认证证书"或"检测报告"，未提供做无效投标处理。在实践中，经常存在未提供证书或提供的证书与投标产品不一致，从而导致无效投标的案例。

【案例 3-2】 某建筑工程公司参加某项工程项目的投标，其投标文件只有单位的盖章而没有法定代表人的签字，被评标委员会确定为废标。评标委员会的理由是：招标文件上明确规定必须既要有单位的盖章又要有法人代表的签字，否则就是废标。该建筑工程公司认为评标委员会的处理是不当的，与《工程建设项目施工招标投标办法》关于废标的规定不符。根据《工程建设项目施工招标投标办法》的规定，只要有单位的盖章就不是废标，遂向招标代理机构提出异议。

【案例分析】 投标文件，无单位盖章且无法定代表人或法定代表人授权的代理人签字或盖章的，由评标委员会初审后按废标处理。被作为废标的条件是：投标文件上既没有单位的盖章，也没有法定代表人或法定代表人授权的代理人签字或盖章的，也就是说，投标文件上签字或盖章的栏目是空白的，就可以按照废标处理。我们也可以从另外一个角度做出结论，发生以下情形之一的，就不能被认定为废标：

1）只有单位的盖章而没有法定代表人或法定代表人授权的代理人的盖章。

2）只有单位盖章而没有法定代表人或法定代表人授权的代理人的签字。

3）只有法定代表人或法定代表人授权的代理人的盖章，而没有单位盖章。

4）只有法定代表人或法定代表人授权的代理人的签字，而没有单位盖章。

未按规定的格式填写，内容不全或关键字迹模糊、无法辨认的，由评标委员会初审后按废标处理。本案例中的招标文件如果规定了必须要既有单位的盖章又要有法定代表人的签字或盖章，则这是对投标文件格式的要求。如果投标文件仅有单位的盖章而没有法定代表人的签字或盖章，就是"未按规定的格式填写"，将被作为废标。而如果招标文件中没有这个规定，就不能以缺少法定代表人的签字或盖章为由将投标文件认定为废标。

【案例 3-3】 某工程建设项目招标，在评标结果公示期间，行政监督部门收到投诉，反映第一中标候选人的投标文件正、副本合并包装，不符合招标文件相关要求，投诉人认为该投标文件应为废标。该项目招标文件规定："投标人应将投标文件正本和全部副本分别封装在双层信封内，分别加贴封条并盖密封章，标以正本、副本字样，不符合上述要求的投标文件，招标人将不予签收。"招标文件同时规定："投标文件未按要求的方式密封，将作为废标处理。"

行政监督部门针对投诉事项开展调查，结果证实投诉人反映情况属实。招标人根据行政监督部门的监督意见重新组织评标。重新评标结果认定第一中标候选人的投标文件为废标，评标委员会重新推荐中标候选人。至此，投诉双方均无异议。

【案例分析】上述案例本身并不复杂，但相关部门在调查取证过程中还是费了一番周折。由于案例发生时，工程项目交易场所尚未安装全过程监控系统，投标文件的包装在事后追认起来难度很大。最后，行政监督部门通过组织相关当事人指证，还原了事实真相，而被投诉人亦承认其投标文件为合并包装。

1）招标人应承担责任。法律法规强调的基本原则是投标文件应当密封递交，招标人在接收投标文件时应严格把关。投标文件经招标投标双方确认无误后，当场完成交接手续。如果发现投标文件密封状况不符合要求，招标人不应受理，并当场退回。此时，该投标人或许尚可补救，在截止时间前再次递交，合法获得竞标的机会，也使招标人多一份可选择的投标。投标文件一旦被接收，招标人应妥善保管，从接收到开标这段时间，招标人要对投标文件负保管责任。

根据上述法律法规的要求，开标现场，招标人首先要履行投标文件密封情况的检查程序。可以请投标人或者其推选的代表进行检查，也可以委托公证机构检查并公证。实际操作中，招标人往往不重视这一环节，不经投标人检查和确认即对投标文件进行草率拆封，打折履行法定程序，从而埋下事后发生纠纷的隐患。招标人的这种做法，不仅在无形中剥夺了投标人的法定监督权，严重的话还可能引发对本次招标投标操作程序公平性、公正性的诟病。在检查过程中，若发现有投标文件未密封或密封不符合要求，投标人有权当场提出质疑。此时，招标人不能简单地将受到质疑的投标文件立即认定为无效标处理。

2）若发生上述情况，招标投标监管部门调查的对象首先是招标人。调查招标人有否破坏了密封？是否与投标人存在某种串通行为？是否泄露该投标文件中的秘密，或允许投标人在投标截止后做了某种有利的变更等。其次，招标人是否徇私舞弊，将密封不合格的标书视为合格标书予以接收，并企图在开标时蒙混过关？若核实后发现，投标文件在递交时便是不合格的，但被招标人误接收（如本案例所发生的情况），则该投标文件应作无效标处理；若投标文件是在招标人保管期间出了问题，或招标人在接收时存在包庇行为，招标投标监管部门应严查事实真相，对涉嫌营私舞弊、串通投标的行为从严处理，并判处招标人承担相应责任。

3）对设立废标包装条件的思考。招标投标法律法规有关投标文件密封、包装的规定，是基于维护招标投标公平竞争原则的需要，而不是以此为择优的手段，只要投标文件密封良好，标记符合要求，件数双方确认无误，即可满足接收条件，进入开标程序。因此，招标人在编制招标文件时，有关包装、密封的条款中大可抛弃这些附加条件，如：必须双层包装，必须分开包装，必须同时加盖公章并签字等，废标条款中也应取消因包装、密封不符合要求而予以废标的条款。实践证明，这些附加条件只会削弱投标竞争性，产生纠纷和矛盾，对通过招标方式择优确定承包商，没有大的正面作用和意义。招标人在开标时，要重视规范操作，严格履行法定程序，在拆封前规范组织投标文件密封情况的确认，以免后患。通过此类案例，招标投标双方都应各自吸取相应的教训。招标方应科学制定招标文件，合理设定相应条件，规范招标行为；投标方应仔细研读招标文件，若感觉有歧义或不理解的地方，及时与招标人沟通，避免因小失大，错失良机。

3.4.3 其他实质性问题导致无效投标

由于其他实质性问题导致无效投标的情形主要有 5 种，如表 3-13 所示，后面会对这 5 种情形进行详细的介绍。

表 3-13 其他实质性问题的情形

其他实质性问题	存在重大偏差导致无效投标
	商务偏离表仅做"满足招标文件要求"，没有对应性回答
	没有回答投标有效期
	报价被认定为双低，做无效投标处理
	开标一览表删除了备注中关于报价组成的注明

1. 存在重大偏差导致无效投标

一个项目中包含多个子系统，凡是漏掉一个系统，或者配置的设备有缺漏，且其价值达到规定金额；不满足招标文件规定的"必须满足"的要求等偏离问题。在实践中，因存在上述问题而被视为重大偏差，导致无效投标的案例较多。一个完善的招标文件一般会对重大偏差做出明确的定义。评委根据招标文件的定义来评判是否为重大偏差，评委也可以根据实际情况裁量是否为重大偏差。

2. 商务偏离表仅做"满足招标文件要求"，没有对应性回答

在实际投标中，投标人没有在"商务偏离表"中全面填写招标文件的重要商务要求，仅填写"满足招标文件要求"。这种现象比较多，如果在其他章节中

能够找到应答，一般仅做扣分或不扣分处理。一些强制性规定的商务要求（如投标有效期、工期、售后服务时间、付款方式、合同条款、其他特殊要求的承诺等），商务偏离表没有回答，其他章节也找不到应答，则做无效投标处理。

3. 没有回答投标有效期

在许多政府采购招标文件中，"投标函"格式文件中缺少投标有效期这一项，投标人在编制投标文件时，为防止被误判为格式不符合要求而没有在"投标函"中回答投标有效期，在其他地方也找不到有关投标有效期的承诺，被认定为无效投标。

在招标投标活动中，投标有效期承诺具有实质性意义，当中标人没有按照法规的要求在规定时间内签订合同且超过投标有效期，在签订合同时中标人必须自愿继续履行投标承诺，才能按照中标人投标文件的报价、商务承诺、技术、售后服务等承诺签订合同。没有投标有效期或超过投标有效期，投标人在投标的次日或投标有效期结束的次日，可以选择继续履行或否定投标文件的承诺。采取投标有效期承诺制，对防止投标人中标后违约具有现实意义。没有这个承诺，中标人处于利益思考，特别是报价偏低时，可以选择放弃中标项目，招标人和招标投标管理机构也不能认定其违约和进行处罚。

4. 报价被认定为双低，做无效投标处理

在招标投标实践中，政府采购和工程招标投标都存在报价双低，被认定为低于成本价投标，进而被认定为无效投标的情况。有的招标文件规定，投标报价低于项目预算限额值 85% 和低于其他投标人有效报价的 90% 时，要求投标人对其进行说明，当其说明不被认可时，将做无效投标处理。

评标委员会认为投标人的报价明显低于其他通过符合性审查投标人的报价，有可能影响产品质量或者不能诚信履约的，应当要求其在评标现场合理的时间内提供书面说明，必要时提交相关证明材料；投标人不能证明其报价合理性的，评标委员会应当将其投标作为无效投标处理。

5. 开标一览表删除了备注中关于报价组成的注明

一般情况下，开标一览表备注中要求报价包括服务费、安装调试费、运输费、保险费等费用。投标实践中，投标人将该备注要求删除，形成了既存在投标报价实质偏差，又不符合格式要求的情况，导致无效投标。

【案例 3-4】2020 年 1 月某工程项目公开招标，招标文件载明投标有效期为 30 日，定于 1 月 10 日开标，评委会初审时发现，某公司的投标文件中的投标保函有效期为自开标日算起的 28 日，被评标委员会确认为废标。

【案例分析】本案判定废标是显然的。为了防止投标人在投标有效期内随意

撤回自己的投标文件，或者反悔对招标文件所作出的响应和承诺，从而影响招标工作和对其他投标人带来损害，招标文件中都明确投标人要提交投标保证金。凡是没有提交投标保证金或投标保证金的有效期不满足招标文件要求的，都将被视为非响应性投标而予以拒绝。

在招标投标实践中，不能满足保证金要求的主要表现有以下几点：

1）投标保函有效期不足。对于投标保函有效期，招标文件一般有如下规定："担保人在此确认本担保书责任在招标通告中规定的投标截止期后，或在这段时间延长的截止期后 28 天内保持有效。延长投标有效期无须通知担保人。"许多投标人在向银行申请开具保函时，对于投标保函有效期不够重视，往往会与投标文件有效期混为一谈，出现投标保函有效期少于 30 天的现象。

2）投标保函金额不足。对于投标保函的金额，《招标投标法实施条例》中规定：招标人在招标文件中要求投标人提交投标保证金的，投标保证金不得超过招标项目估算价的 2%。《工程建设项目施工招标投标办法》中规定：投标保证金一般不得超过投标总价的 2%，但最高不得超过 80 万元人民币。投标人向银行申请开具投标保函时，应严格按照招标文件规定的数额申请，在评标实践中，评标委员对于那些投标保函金额不足的，哪怕只差 1 分，也会予以废标。

3）投标保函格式不符合招标文件要求。

第4章 建筑工程开标、评标与定标

本章知识导图

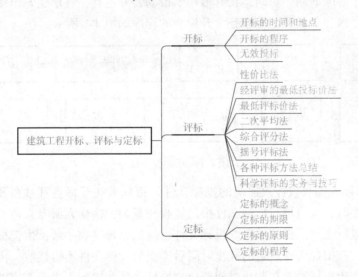

4.1 开标

开标是指投标截止后，招标人按招标文件所规定的时间和地点，开启投标人提交的投标文件，公开宣布投标人的名称、投标价格及投标文件中的其他主要内容的活动。要素是开标的时间与地点及开标的相关规定（参加人、标书密封的现场认定、当众宣读、记录备查）。

4.1.1 开标的时间和地点

开标应当在招标文件确定的提交投标文件截止时间的同一时间公开进行，也就是说，开标的时间就是提交投标文件的截止时间。开标的地点应与招标文件中规定的地点相一致，也是为了防止投标人因不知地点变更而不能按要求准时提交投标文件。

《招标投标法》规定：开标由招标人主持，邀请所有投标人参加。招标人可以在投标人须知前附表中对此做进一步说明，同时明确投标人的法定代表人或其委托代理人不参加开标的法律后果。例如，投标人的法定代表人或其委托代理人不参加开标的，视该投标人承认开标记录，不得事后对开标记录提出任何异议。不应以投标人不参加开标为由将其投标作废标处理。

4.1.2 开标的程序

开标会应当由招标人或招标代理机构的代表主持，在招标文件规定的提交投标文件截止时间的同一时间，在有形建筑市场公开进行，有形建筑市场工作人员提供数据录入、现场见证等服务。开标会的程序如图 4-1 所示。

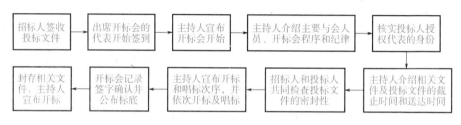

图 4-1 开标程序图

1）招标人签收投标人递交的投标文件。招标人在开标当日且在开标地点签收投标文件时，应当填写投标文件报送签收一览表，招标人派专人负责接收投标人递交的投标文件。提前递交的投标文件也应当办理签收手续，由招标人携带至开标现场。在招标文件规定的截止时间后递交的投标文件不得接收，由招标人原封退还给相应投标人。在截止时间前递交投标文件的投标人少于 3 家的，认定招标无效，开标会立即结束，招标人应当依法重新组织招标。

2）出席开标会的代表签到。投标人授权出席开标会的代表本人填写开标会签到表，招标人派专人负责核对签到人身份，应与签到的内容一致。

3）开标会主持人宣布开标会开始。主持人宣布开标人、唱标人、记录人和监督人员。主持人一般为招标人代表，也可以是招标人指定的招标代理机构的代表；开标人一般为招标人或招标代理机构的代表；工作人员、唱标人可以是投标人的代表、招标人或招标代理机构的工作人员；记录人由招标人指派，有形建筑市场工作人员同时记录唱标内容，招标办监管人员或招标办授权的有形建筑市场工作人员进行监督。记录人按开标会记录的要求开始记录。

4）开标会主持人介绍主要与会人员。主要与会人员包括到会的招标人代表、招标代理机构代表、各投标人代表、公证机构公证人员、见证人员及监督人员等。

5）主持人宣布开标会程序、开标会纪律。

6）核对投标人授权代表的身份证件与授权委托书。招标人代表出示法定代表人委托书和有效身份证件，同时招标人代表当众核查投标人的授权代表的授权委托书和有效身份证件，确认授权代表的有效性，并留存授权委托书和身份证件的复印件。法定代表人出席开标会的，要出示其有效证件。主持人还应当核查出席开标会的投标人代表的人数，无关人员应当退场。

7）主持人介绍招标文件、补充文件或答疑文件的组成和发放情况，投标人确认，主要介绍招标文件组成部分、发标时间、答疑时间、补充文件或答疑文件组成、发放和签收情况。可以同时强调主要条款和招标文件中的实质性要求。

8）主持人宣布投标文件截止和实际送达时间。主持人宣布招标文件规定的递交投标文件的截止时间和各投标单位实际送达时间。在截止时间后送达的投标文件应作为废标。招标文件接收记录表如表4-1所示。

表4-1 招标文件接收记录表

招标编号：

招标人		工程名称		
工程地址				
投标人	送达人姓名	送达时间	送达份数	接收人签字

9）招标人和投标人的代表（或公证机关）共同检查各投标文件密封情况。密封不符合招标文件要求的投标文件应当场废标，不得进入评标。密封不符合招标文件要求的，招标人应当通知招标办监管人员到场见证。投标文件密封情况检查表如表4-2所示。

表4-2 投标文件密封情况检查表

项目名称：××××× 招标编号：×××××

检查时间		检查地点		
检查密封情况	受检文件份数	密封合格份数	不合格份数及处理结果	
参检人员签字	工作单位	姓名	备注	
监督人签字				

10）主持人宣布开标和唱标次序。

11）唱标人根据唱标顺序依次开标并唱标。指定的开标人在监督人员及与会代表的监督下当众将投标文件拆封，拆封后应当检查投标文件组成情况并记入开标会记录，开标人应将投标文件、投标文件附件以及招标文件规定需要唱标的其他文件交唱标人进行唱标。唱标内容一般包括投标报价、工期、质量标准、质量奖项等方面的承诺，以及替代方案报价、投标保证金、主要人员等，同时宣布在递交投标文件的截止时间前收到的投标人对投标文件的补充、修改。对递交投标文件的截止时间前投标人书面通知撤回其投标的投标文件，不再唱标，但须在开标会上说明。

12）开标会记录签字确认。开标会记录应当如实记录开标过程中的重要事项，包括开标时间、开标地点、出席开标会的各单位及人员、唱标记录、开标会程序、开标过程中出现的需要评标委员会评审的情况。有公证机构出席公证的，还应记录公证结果。投标人的授权代表应当在开标会记录上签字确认，对记录内容有异议的可以加以注明，但必须对没有异议的部分签字确认。

13）公布标底。招标人设有标底的，标底必须公布。由唱标人公布标底。

14）投标文件、开标会记录等送封闭评标区封存。实行工程量清单招标的，招标文件约定在评标前先进行清标工作的，封存投标文件正本，副本可用于清标工作。

15）主持人宣布开标。

4.1.3 无效投标

无效投标的情形见表4-3。

表4-3 无效投标

无效投标的情形	投标文件逾期送达的，或者未送达指定地点的
	投标文件未按招标文件要求密封的
	投标文件无单位盖章且无法定代表人或法定代表人授权的代理人签字或盖章的
	投标文件未按规定的格式填写，内容不全或关键字迹模糊、无法辨认的
	投标人递交两份或多份内容不同的投标文件，或在一份投标文件中对同一招标项目报有两个或多个报价，且未声明哪一个有效，按招标文件规定提交备选投标方案的除外
	投标人名称或组织结构与资格预审时不一致的
	未按招标文件要求提交投标保证金的
	联合体投标未附联合体各方共同投标协议的

被拒标、废标、有效标及合格标的判定阶段示意图如图4-2所示。

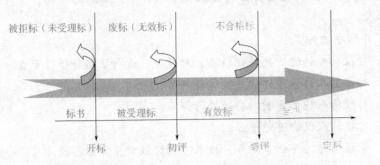

图4-2　被拒标、废标、有效标及合格标的判定阶段示意图

【案例4-1】某项目招标工作中，开标的程序和内容如下。

开标程序表

一、宣布开标唱标会议开始（由招标人主持）

各位来宾、各位投标人，大家好，××市××有限公司××项目公开招标，开标唱标会议现在开始。

二、介绍本项目相关单位

招标单位：××市××有限公司

投标的单位名称：（按签到顺序宣布）

1. 甲单位

2. 乙单位

3. 丙单位

4. 丁单位

……

三、宣布今天开标的工作人员

1. 唱标人：

2. 监标人：

3. 记录人：

4. 联系人：

联系电话：

四、监标人检查所有投标单位的投标文件是否按招标文件要求进行密封、盖章。

五、宣布本招标项目的评标事项

1. 本招标项目评标委员会的人员组成：由同行业四位专家及业主代表共 n 人组成。

---

2. 评标原则：评标委员会将按照公开、公平、公正的原则，平等对待所有投标人。

3. 评标办法

1）对投标文件进行完整性检验，对投标人进行资格符合性审查。

2）对投标人商务条件响应性进行评审。

3）对投标人技术方案响应性进行评审。

4）对投标人报价进行评分。

5）根据招标文件公布商务、技术、价格权重，算出各投标人综合评分。

6）得出综合得分。

7）综合得分最高者为候选中标人，次高者为备选中标人。

4. 废标认定

1）投标文件未密封。

2）无单位法定代表人或法定代表人委托代理人的印鉴或签字。

3）未按规定格式填写，内容不全或字迹模糊、辨认不清。

4）投标文件逾期送达。

5）投标文件未对招标文件做出完全响应，导致投标无效。

6）投标报价超过最高限价。

7）投标文件未按招标文件的要求编制。

8）投标人未按时提交投标保证金。

9）投标人未按招标文件要求提交开标一览表。

10）不具备招标文件中规定的资格要求。

11）不符合法律、法规和招标文件中规定的其他实质性要求。

12）投标人的投标总报价有两项或两项以上。

六、唱标（按签到顺序进行）

1. 甲单位

2. 乙单位

3. 丙单位

4. 丁单位

………

七、各投标人对投标报价无异议后，请投标人在"开标、唱标确认表"上签字确认。

八、宣布××市××有限公司××项目开标唱标会议结束。

4.2　评标

评标流程示意图如图 4-3 所示。

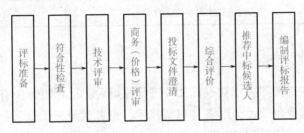

图 4-3　评标流程示意图

建筑工程施工评标原则有以下几点：

1）认真阅读招标文件，严格按照招标文件规定的要求和条件对投标文件进行评审。

2）公正、公平、科学合理。

3）质量好、信誉高、价格合理、工期适当、施工方案先进可行。

4）规范性与灵活性相结合。

评标由招标人依法组建的评标委员会负责。评标委员会由招标人的代表和有关技术、经济等方面的专家组成，成员人数为 5 人以上单数，其中招标人、招标代理机构以外的技术、经济等方面的专家不得少于成员总数的 2/3。评标委员会的专家成员，应当由招标人从建设行政主管部门及其他有关政府部门确定的专家名册或者工程招标代理机构的专家库内相关专业的专家名单中确定。一般采取随机抽取的方式确定专家成员。与投标人有利害关系的人不得进入相关项目的评标委员会，已经进入的应当更换。评标委员会成员的名单在中标结果确定前应当保密。

评审专家应符合下列条件：

1）从事相关专业领域工作满 8 年并具有高级职称或者同等专业水平。

2）熟悉有关招标投标的法律法规，并具有与招标项目相关的实践经验。

3）能够认真、公正、诚实、廉洁地履行职责。

不得担任评标委员会成员的情况见表 4-4。

表 4-4 不得担任评标委员会成员的情况

不得担任评标委员会成员的情况	投标人或者投标人主要负责人的近亲属
	项目主管部门或者行政监督部门的人员
	与投标人有经济利益关系，可能影响评审的公正
	曾因在招标、评标以及其他与招标投标有关活动中从事违法行为而受过行政处罚或刑事处罚的

4.2.1 性价比法

性价比法是指按照要求对投标文件进行评审后，计算出每个有效投标人除价格因素以外的其他各项评分因素（包括技术、财务状况、信誉、业绩、服务、对招标文件的响应程度等）的汇总得分，并除以该投标人的投标报价，以商数（评标总得分）最高的投标人为中标候选人或者中标人的评标方法。

评标过程一般是：评标委员会先进行资格性、符合性审查，只有通过资格性、符合性审查才能进行技术、商务评审。技术分和商务分之和为性能分。在实践中，也有技术评分达到 75 分才能进入下一阶段的规定。还有的招标文件规定，打技术分之前必须先进行定档，每个专家的打分只有落在统计后的定档区间才能有效。当性能分超过某个分值时，进入下一轮评审。一般在评出的投标人中取前三名，再开报价标。性价比的计算公式为：

$$V = \frac{B}{N}$$

式中，V 为性价比总分；N 为价格分，即投标人的投标报价或报价分数；B 为投标人的性能分。

$$B = F_1 A_1 + F_2 A_2 + \cdots + F_n A_n$$

式中，F_1，F_2，$\cdots$，F_n 为除价格因素以外的其他各项评分因素；A_1，A_2，$\cdots$，A_n 为除价格因素以外的其他各项评分因素所占的权重；一般商务各项评分因素占 20%，技术各项评分因素占 80%。

某些技术特别复杂的项目，或者技术要求高的项目，可以提高技术得分的比重，如把技术得分评审出来后，可以乘上一个大于 1 的系数，这个系数相当于放大器的作用，然后将得出的技术分再与商务分相加，作为性能总得分，再与价格进行相除。当然，对于技术含量要求不高的项目，或者考虑价格优势的项目，也可以根据实际需要降低技术分的权重。

性价比法评标的缺点是评标程序比较复杂、时间较长，但可以消除技术部分和投标报价的相互影响，更显公平，特别是能使性价比最优的投标人和方案入选。只要操作得当，可以降低评标价格的影响，但是并不能完全消除围标现象。采用这种方法时要注意的是，评标期间技术分各因素的权重以及投标报价信封的保管工作。

性价比法较为适用于工程施工中对性能要求高、技术指标相对较少的特种、专用设备的采购。性价比法的评审表样式如图 4-4 所示。

投标人	是否递交投标文件	是否通过资格预审	是否通过符合性审查	技术分	商务分	是否进入性价比法评标	投标报价（万元）	按［70%×进入性价比的投标最高报价，进入性价比的投标最高报价］	价格分	性价比	性价比顺序
A											
B											
C											
D											
E											
F											
G											

图 4-4　性价比法的评审表样式

4.2.2　经评审的最低投标价法

所谓经评审的最低投标价法，就是投标报价最低者中标，但前提条件是该投标符合招标文件的实质性要求。如果投标不符合招标文件的实质性要求，则投标价格再低，也不在考虑之列。在采取这种方法选择中标人时，必须注意的是，投标价不得低于成本。这里所指的成本，应该理解为投标人自己的个别成本，而不是社会平均成本。由于投标人技术和管理等方面的原因，其个别成本有可能低于社会平均成本。投标人以低于社会平均成本但不低于其个别成本的价格投标，是应该受到保护和鼓励的。如果投标人的价格低于自己的个别成本，则意味着投标人取得合同后，可能会为了节省开支而想方设法偷工减料、粗制滥造，给招标人造成不可挽回的损失。如果投标人以排挤其他竞争对手为目的，以低于个别成本的价格投标，则构成低价倾销的不正当竞争行为，违反我国《价格法》和《反不正当竞争法》的有关规定。因此，投标人投标价格低于自己个别成本的，不得中标。经评审的最低投标价法一般适用于具有通用技术、性能标准或者招标人对其技术、性能没有特殊要求的招标项目。

1. 经评审的最低投标价法的优点

经评审的最低投标价法符合市场经济体制下业主追求利润最大化的经营目

标。经评审的最低投标价法在不违反法律、法规的前提下，能够最大程度满足招标人的要求和意愿。

经评审的最低投标价法可将投标报价以及相关商务部分的偏差作必要的价格调整和评审，即将价格以外的有关因素折成货币或给予相应的加权计算，以确定最佳的投标人，并淡化标底的作用，明确标底只是在评标时作为参考，不作为商务评标的主要依据，一般允许招标人可以不做标底，这样可以有效防止泄标、串标等违法行为。

2. 经评审的最低投标价法的缺点

经评审的最低投标价法对招标前的准备工作要求比较高，特别是要对关键的技术和商务指标（即需要着重标注的）慎重考虑。着重标注的指标属于一票否决的项目，只要有一项达不到招标人的要求，就可因"没有实质上响应招标要求"而被判定为不合格投标，不能再进入下一轮的评审。

采用经评审的最低投标价法评标时，对评委的要求比较高，需要评委认真评审和计算才能得出满意的结果，这种评审比较费时间。这种评标方法虽然在多数情况下避免了"最高价者中标"的问题，但是对于某些需要采用公共财政资金并且具有竞争性的国际招标引进项目，难以准确地划定技术指标与价格的折算关系，表现不出性价比的真正含义。

3. 经评审的最低投标价法的要点

评标委员会先对各投标人进行资格性、符合性审查和技术合格性审查，然后进行商务和经济评审，详细评审投标文件，确定是否存在漏项或需要增减项目。评标时要把涉及投标人各种技术、商务和服务内容的指标要求，按照统一的标准折算成价格。进行比较时如果有漏项，一般按同类项目中所有符合资格的投标人的最高报价进行补充。相反，如果有多个项目，则按同类项目中所有符合资格的投标人的最低报价进行删减，然后再将有效投标报价由低至高进行排序，依次推荐前3名投标人为中标候选人，取评标价最低者为中标人。

采用经评审的最低投标价法评标时，评标委员会成员可以是同一专业的，也可以是不同专业而互补的，可以讨论和协商，最后将各个评委独立提出的意见进行汇总，得出评标结论。

这种评标方法的要点是：

1）招标人在出售招标文件时，应同时提供工程量清单的数据应用电子文档及其格式、工程数量及运算定义等，确保各投标人不修改格式，否则评标工作量巨大，且容易出差错。

2）对于资质、资格、业绩等条件，采取的是合格者通过、不合格者淘汰的办法,即对于正偏离的项目,不予加分。

3)特殊情况下允许对某种情况的投标人加价。

4)检查和更正算术错误,包括对投标中工程量清单进行算术性检查和更正。

评标委员会可以通过书面形式要求投标人对投标文件中含义不明确、对同类问题表述不一致或者有明显文字和计算错误的内容作必要的澄清、说明或者补正。澄清、说明或者补正应以书面形式进行,且不得超出投标文件的范围或者改变投标文件的实质性内容。投标文件中的大写金额和小写金额不一致的,以大写金额为准;总价金额与单价金额不一致的,以单价金额为准,但单价金额小数点有明显错误的除外;不同文字文本的投标文件的解释存在异议的,以中文文本为准。

4.2.3　最低评标价法

1. 最低评标价法概念

所谓最低评标价法是指,在政府采购活动中,在投标文件对招标文件做出了实质性响应,技术和商务部分能满足招标文件的前提下,将投标人的报价经过算术错误纠正、折扣调整后得出的最低报价,最低评标价法最大限度地减少了人为因素。降低了“暗箱操作”的概率,能够充分发挥市场机制的作用,有利于促进投标人提高管理水平和工艺水平,降低工程建设成本。

最低评标价法的评标程序具体可分为以下三个阶段。

(1)初步审核　初步审核的目的是发现并拒绝那些没有实质性响应的投标文件,不给其进一步评标的机会。其主要审核内容见表4-5。

表 4-5　初步审核的主要内容

项目	审核内容
投标人的资格证明文件	审核投标人是否按招标文件的要求提供所有证明文件和资料,如投标人法人代表授权书、联合体的联营协议、联合体代表授权书、营业执照、施工等级证书、过去施工经历、资产负债表等。以上文件若为复印件,应经过公证
投标保证金	审查投标保证金的格式、有效期、金额是否符合招标文件要求。联合体的投标保证金应以联合体各方的名义联合提供
投标文件的完整性	投标文件应当是对整个工程进行投标。主要审查投标文件是否按招标文件要求报价,投标文件的修改是否符合要求,正本是否缺页等
合格性	主要审查投标人的资格是否符合投标人须知中的要求
实质性相应	是否符合招标文件的全部条款和技术规范的要求,而无显著差异或保留

(2)详细审核　只有通过初审,被确定为实质上符合要求的投标文件才能

进入详细审核，此阶段主要包括的内容见表4-6。

表4-6　详细审核的主要内容

项目	审核内容
勘误	包括计算错误和暂定金两项
修正	投标人在开标前提交的对原投标价的修正
增加	对投标中的遗漏项，取其他投标人的该项报价的平均值
调整	调整是对投标文件中可接受的，可以量化的变化、偏离或其他选择进行的适当调整
偏差折扣	对投标人提出的可接受的偏差进行货币量化，如完工期、付款进度与安排等

（3）授标建议　若已经对投标人进行了资格预审，此时应把中标资格授予评标价最低的投标人。否则，应先进行资格后审。

2. 最低评标价法的优缺点

（1）最低评标价法的优点

1）最低评标价法最大的优点是节约资金，对业主有利。

2）有效地防止了围标、买标、卖标、泄标、串标等违法行为的发生，最大限度地减少了招标投标过程中的腐败行为。最低评标价法彻底打击了行业保护，真正体现了优胜劣汰、适者生存的基本原则。最低评标价法抓住了招标的核心，符合市场经济竞争法则，能够充分发挥市场机制的作用。

3）有利于促进投标人提高管理水平和工艺水平，降低生产成本，保证工程质量。

4）减少评标的工作量。从最低价评起，评出符合中标条件的投标价时，高于该价格的投标便无须再进行详评，因此节约了评标时间，减少了评标工作量。同时，由于定标标准单一、清晰，这种评标方法简便易懂，方便监督，能最大限度地减少了评标工作中的主观因素，降低了暗箱操作的概率。

（2）最低评标价法的缺点　尽管最低评标价法有着操作简易等优点，但是满足基本要求后，价格因素占绝对优势，因此也存在一定的局限性，如采购人的需求很难通过招标文件全面地体现，投标人的竞争力也很难通过投标文件充分体现，因此最低评标价法缺乏普遍适用性。

采用最低评标价法评标时，价格是唯一的武器，因此不少投标人为了中标，不惜代价搞低价抢标。公开招标面向全社会，难免出现鱼目混珠的局面，即规模小或使用劣质建筑产品的投标价较低，而规模大或全部采用优质材料和产品的投标价必然较高。招标人在缺乏信息的条件下，无法全面了解各投标人的信用和实力情况，难以甄别报价的真实性，因而容易选择实力差、信用低的单位中标。

最低评标价法也增加了投标人的承包风险，在大规模的建筑工程面前，投标人在提交正常履约保函的基础上，往往需提交大量的履约保证金（现金），使原本用于企业再发展的资金全用于此，造成企业在资金周转上存在极大困难。

4.2.4 二次平均法

1. 二次平均法的概念

所谓二次平均法，就是先对所有投标人的所有有效报价进行一次平均，再对不高于第一次平均值的报价进行第二次平均，以第二次平均价作为最佳报价的一种评标方法。在这种评标方法中，第一次平均价是对所有有效投标人的投标价的简单平均，但是第二次平均价的算法各地在实践中有很大的差异。严格地讲，二次平均法不是法律规定的一种评标方法，属于评标方法中，价格分计算方法的一种子方法。

2. 二次平均法应注意的要点

（1）第一次平均价的确定 如果投标人比较多，可以先对所有投标人进行资格性、符合性审查。如果通过资格性、符合性审查的合格投标人比较多（多于6家），一般可以考虑去掉最高、最低报价，再进行第一次平均。若有效投标人少于4家，则不去掉最高和最低报价。

（2）第二次平均价的确定 第二次平均价的确定比第一次平均价的确定要复杂。对于投标人非常多的情况（超过11家），也可以以第一次平均价的某个有效范围作为筛选条件，如规定以不超过第一次平均价的120%和不低于第一次平均价的80%作为报价有效范围，超出报价有效范围的投标文件作废标处理。

（3）浮动系数 采用二次平均法评标时，基本上都是投标价次低的投标人中标（理论上是最接近平均价的最容易中标），由于现在的投标人预先能知道评标方法，如果采用二次平均法，许多投标人在经过了多次的投标实践后，也能总结出类似的规律。这样潜在投标人就很有可能按照规律进行围标和有针对性地报价投标。采用浮动系数法可以在一定程度上解决这个问题，通常的做法是在开标现场宣读投标人的投标报价，然后再随机抽签确定浮动系数，浮动系数再与第二次平均价相乘，得到评标价。

由于抽签本身就是随机的，无规律可循，所以投标人无法预测会抽到什么浮动系数，从而可在一定程度上防止投标人事先围标。

（4）中标价的确定 如果所有投标人的报价均高于第二次平均价（即评标

价），中标价一般就是评标价。如果第一中标候选人的投标报价低于评标价，则一般以第一中标候选人的投标报价作为中标价，这可以节省资金。

3. 二次平均法的优缺点

二次平均法的优缺点如图 4-5 所示。

二次平均法的评标价的产生比较复杂，不容易猜测，特别是投标人比较多时，评标价与各投标人的报价有关，能有效预防投标单位恶意低价中标或超低价竞标。如果招标文件中不设标底或限价，则还能防止恶意围标。由于这些优点，在其他一些评审方法中，有时也会使用二次平均法来辅助确定评标价。二次平均法的适用范围广泛，除了一些小额的政府货物采购和服务评审不合适外，均可使用。

优点 二次平均法 缺点

二次平均法程序繁杂，如果投标人数量多，又不采用电子自动评标的话，其程序相对比较复杂。另外，通过资格性、符合性审查后，技术因素只作合格性评审，主要由价格决定中标人，专家基本上无自由裁量操作空间，不能充分发挥专家的咨询作用。

图 4-5　二次平均法的优缺点

4.2.5　综合评分法

综合评分法也称百分制评标法，是根据工程规模大小、复杂程度、侧重点有哪些等因素，分别对投标商的工程报价、质量目标、工期目标、文明施工目标、安全生产目标、施工组织设计、优惠条件、企业资质、企业业绩、企业财务状况、人员设备组织等指标赋分，总分为 100 分。

综合评分法不仅要对价格因素进行评估，还要对其他因素进行评估。综合评分法的一般评审因素见表 4-7。

表 4-7　综合评分法的评审因素

评审因素	评审内容
标价（即投标报价）	评审投标报价的准确性和合理性
施工方案或施工组织设计	评审施工方案或施工组织设计是否齐全、完整、科学合理，包括施工方法是否先进、合理；施工进度计划及措施是否科学、合理、可靠；质量保证措施是否切实可行，安全保证措施是否可靠；现场平面布置及文明施工措施是否合理可靠；主要施工机具及劳动力配备是否合理；提供的材料、设备能否满足招标文件的要求；项目主要管理人员及工程技术人员的数量和资历等
质量	评审工程质量是否达到国家施工验收规范合格标准或优良标准；质量必须符合招标文件要求；质量保证措施是否全面和可行
工期	工期是指工程施工期，由工程正式开工之日始，到施工单位提交竣工报告之日止。评审工期是否满足招标文件的要求

（续）

评审因素	评审内容
信誉和业绩	信誉和业绩包括经济、技术实力，项目经理施工经历、近期施工承包合同履约情况；服务态度；是否承担类似工程；经营作风和施工管理情况；是否获得过省部级、地市级的表彰和奖励；企业社会形象等

为了让信誉好、质量高、实力强的企业多得标、得好标，应适当设置对施工方案、质量和信誉等因素的评议，在施工方案因素中，应适当突出对关键部位施工方法、特殊技术措施、保证工程质量和工期的措施的评估。

综合评分法按其具体分析方式的不同，可分为定性综合评分法和定量综合评分法。

1. 定性综合评分法

定性综合评分法又称评估法。由评标组织对工程报价、工期、质量、施工组织设计、主要材料消耗、安全保障措施、业绩、信誉等评审指标进行定性比较分析，综合考虑，选出大多数评标组织成员认可的、各项条件都比较优良的投标人为中标人，也可用记名或无记名投票的方式确定中标人。定性评估法的特点是不量化各项评审指标，它是一种定性的优选法。定性综合评分法一般要按从优到劣的顺序，对各投标人排列名次，排序第一名的即为中标人。

采用定性综合评分法，有利于评标组织成员之间的直接对话和交流，能充分反映不同意见，在广泛深入地讨论、分析的基础上，集中大多数人的意见，一般也比较简单易行。但这种方法的评估标准弹性较大，衡量的尺度不具体，各人的理解可能会相去甚远，造成评标意见差距过大，可能会使评标决策左右为难，不能让人信服。

2. 定量综合评分法

定量综合评分法又称打分法、百分制计分评估法（百分法）。事先在招标文件或评标定标办法中对评标的内容进行分类，形成若干评标因素，并确定各项评标因素所占的比例和评分标准。开标后，评标组织中的每位成员按照评分规则，采用无记名方式打分，最后统计投标人的得分，得分最高者（排序第一名）或次高者（排序第二名）为中标候选人。

定量综合评分法的主要特点是要量化各评标因素。对各评标因素进行量化是一个比较复杂的问题，各地的做法不尽相同。从理论上讲，评标因素指标的设置和评分标准分值的分配，应充分体现企业的整体素质和综合实力，准确反映公开、公平、公正的竞标法则，使质量好、信誉高、价格合理、技术强、方案优的企业能中标。

4.2.6 摇号评标法

1. 摇号评标法的概念

摇号评标法就是对报名的投标人进行资格审查后，按照公开、公平、公正的原则，运用市场机制，让投标人充分竞价（报价），经专家合理评审确定若干入围投标人后，由摇号的方式产生中标候选人的评标方法。

2. 摇号评标法的要点

1）确定摇号人。摇号人为入围投标人，即入围的投标法人代表或其授权代理人。摇号球珠的数量一般为 30 个，球号范围为 1 ~ 30 号，也可根据投标人数的实际情况进行增减。摇号球珠必须经监督人员的检验后放入透明的摇号机中。摇号分两次进行，第一次摇取顺序号，第二次摇取中标号。

2）摇号顺序。摇号顺序为入围投标人当天签到的顺序，依次由入围投标人随机摇取顺序号（摇出的球珠不再放入摇号机内），并将顺序号按从小到大的顺序排列，然后按顺序依次由入围投标人随机摇取中标号（摇出的球珠不再放入摇号机内），并将中标号按从大到小的顺序排列，球号最大的为第一中标候选人。另外，评标结果要当场公布。

3. 摇号评标法的优缺点

摇号评标法的优缺点如图 4-6 所示。

摇号评标法运用统计学的随机原理，在招标过程中可以做到最大限度的公平、公开和公正，能够有效解决各种评标过程中的人为操控问题，在一定程度上遏制了围标、串标等现象的产生，也因此减少了腐败行为。另外，这种评标方法简单易行，所花时间很少。 优点 摇号评标法 缺点 不是法律规定的方法，中标人完全是通过随机摇号产生的，随机性太大。中标人的中标价格、服务、技术等方面的条件都是未知的且充满随意性，根本无法做到最大限度地满足招标文件中规定的各项标准和要求。无法体现出科学决策，中标人也未必能达到业主的招标要求。

图 4-6 摇号评标法的优缺点

4.2.7 各种评标方法总结

建筑工程的各种评标方法都有各自的优缺点以及各自的使用范围，只要不违反国家法律法规的规定，招标机构可以根据工程的特点进行选用。建筑工程常用的各种评标方法及其主要特点总结如表4-8所示。

表4-8　评标方法

评标方法	适用范围	评审方法	投标人排序	中标候选人
经评审的最低投标价法	具有通用技术的所有工程	技术标的评审方法：评标委员会集体评议后，评标委员会成员分别自主做出书面评审结论，作合格性评审；商务标的评审方法：对技术标合格的投标人的报价从低到高依次评审，并做出其是否低于投标人企业成本的评审结论	由低到高	前三名
最低评标价法	土石方、园林绿化等简易工程	技术标评审方法：评标委员会集体评议后，评标委员会成员分别自主做出书面评审结论，作合格性评审；商务标的评审方法：对投标人的报价从低到高依次检查，并做出其详细内容是否全部响应招标实质性要求的评审结论；综合得分计算：不需要	由低到高	前三名
综合评分法	政府采购货物、服务的项目或复杂、技术难度大、专业性较强的工程项目	技术标评审方法：评标委员会集体评议后，评标委员会成员分别自主做出书面评审结论，作评审计分；商务标的评审方法：根据招标文件中商务的评审内容和标准独立打分；综合得分计算：技术、商务和价格各单项得分分别乘各自权重的和	由高到低	前三名
二次平均法	一般建筑工程和装修工程	技术标评审方法：评标委员会集体评议后，评标委员会成员分别自主做出书面评审结论，作合格性评审；商务标的评审方法：无须商务评分，只需对合格的投标人报价进行两次平均；综合得分计算：不需要	最接近平均价的，依次排序	前三名
性价比法	大型建筑、地铁等项目设备的采购	技术标评审方法：评标委员会集体评议后，评标委员会成员分别自主做出书面评审结论，作评审计分；商务标的评审方法：根据招标文件中商务的评审内容和标准独立打分；综合得分计算：技术分、商务分之和与价格分的比值	从大到小	前三名

（续）

评标方法	适用范围	评审方法	投标人排序	中标候选人
摇号评标法	一般土建工程，投标人数量超过20家	技术标评审方法：评标委员会集体评议后，评标委员会成员分别自主做出书面评审结论，作合格性评审；商务标的评审方法：无须商务评分，通过合格性审查后摇号确定；综合得分计算：不需要	摇号确定	公开随机抽取1~3个中标候选人

就建筑工程招标来说，除简易工程外，其他工程一般均不建议采用最低评标价法，要谨慎采用不限定底价的经评审的最低投标价法，尤其不建议涉及结构安全的工程采用。一般的建筑工程评标鼓励采用限定底价的经评审的最低投标价法、二次平均法和摇号评标法。较大工程的建筑设备评标推荐采用性价比法、二次平均法，不推荐使用最低评标价法。综合评分法适合规模较大、技术比较复杂甚至特别复杂的工程。不同评标方法的适用范围见表4-9。

表4-9　不同评标方法的适用范围

评标方法	适用范围
最低评标价法	适用于简易工程，比如园林绿化和一般土石方工程
经评审的最低投标价法（无标底）	适用于简易工程和一般工程，比如园林绿化、一般土石方工程和不涉及结构安全的工程
经评审的最低投标价法（有标底）	适用于简易工程、一般工程和复杂工程，比如园林绿化、一般土石方工程、不涉及结构安全的工程和涉及结构安全的工程
二次平均法	适用于简易工程和一般工程，比如园林绿化、一般土石方工程和不涉及结构安全的工程
摇号评标法	适用于简易工程、一般工程和复杂工程，比如园林绿化、一般土石方工程、不涉及结构安全的工程和涉及结构安全的工程
综合评分法	适用于特别复杂的工程，比如：技术特别复杂和施工有特殊技术要求的工程

4.2.8　科学评标的实务与技巧

1. 选用合适的评标方法

即使是同样的投标人和投标方案，不同的评标方法也会产生不同的中标人。因此，要以增强评标办法的科学性、合理性和可操作性为方向，健全并完善以公平、公正为基础的竞争择优机制，慎重使用最低评标价法、摇号评标法，推荐使用性价比法或二次平均法。对于大型工程，建议使用综合评分法；对于大型、复杂建筑设备的采购，建议使用性价比法。

2. 注意防止资质挂靠

建筑工程领域内的资质挂靠是比较普遍的现象。例如，一些没有资质的公司只追求短期利润，为了中标不择手段，伪造或提供假资质，而一些有资质、有实力的公司为了所谓的管理费，也乐于借出资质。为了防止投标人挂靠资质（投标人多数是一些资质较低的企业，只有通过挂靠高资质的企业才能参与招标活动），应对投标企业进行考察，重点检查项目经理及主要技术负责人的"三金"（养老金、医保金、住房公积金）证明，若提供不出证明，则在资格审查时不应使其入围。

3. 在评标细则中加大对技术、业绩、实力的考核权重

在性价比评标法或综合评分法中，施工方案采用符合性评审。施工方案符合招标文件要求并具备以下六大项内容才能通过符合性评审：劳动力组合、技术人员配置、施工机具配置、质量安全保证措施、施工进度计划、现场平面布置。缺大项者，投标不予通过。

对投标人取得的工程质量业绩给予加分，要有具体、明确、客观、可操作的评分标准。

【案例 4-2】某地的开标评标程序如下。

开标评标程序

出席对象：招标人、投标人、招标办、纪检、公证部门。

开标评标总计时间：约 100 分钟

一、开标（约 20 分钟）

1. 招标人情况介绍：工程概况，投标单位及其资格审查情况，现场有关监督部门等（2 分钟）。

2. 招标人核对投标人身份，开启标书，唱标，记录，复制电子标书并刻成光盘（15 分钟）。

3. 投标人提供相关材料原件，退场，在休息厅等候评委质询。

二、采用经评审的最低投标价法评标（约 80 分钟）

1. 符合性评审：评委评审二号标书（资信材料），填写评审表格，招标人汇总评审意见（10 分钟）。

---

2. 技术性评审：评委评审三号标书（施工方案），标书内容用投影仪播放，每份标书播放时间为 10~15 分钟。评委填写评审表，招标单位汇总评审表（40 分钟）。

3. 商务性评审：对通过符合性和技术性评审的投标人，评审其一号标书，按报价由低到高的顺序，对报价是否低于成本进行全面分析和认定，并对项目经理进行质询（20 分钟）。

4. 评委推荐中标候选人，招标人定标、宣布中标人，评委签字，招标人发放评审费。结束。

三、采用综合评估法评标（约 80 分钟）

招标人核定投标人业绩材料，确定加分分值。

1. 符合性评审：评委评审二号标书（资信材料）、工期、质量、信誉等，填写评审表格，招标人汇总评审意见（10 分钟）。

2. 技术性评审：评委评审三号标书（施工方案），标书内容用投影仪播放，每份标书播放时间为 10~15 分钟。评委填写评审表，招标单位汇总评审表（40 分钟）。

3. 商务性评审：对通过符合性和技术性评审的投标人，评审其一号标书，按报价由低到高的顺序，对报价是否低于成本进行全面分析和认定。并对项目经理进行质询（20 分钟）。

4. 评委推荐中标候选人，招标人定标、宣布中标人，评委签字，招标人发放评审费。结束。

4.3 定标

4.3.1 定标的概念

所谓定标，就是通过评标委员会的评审，将某个招标项目的中标结果通过某种方式确定下来，或将招标授予某个投标人的过程（确定中标人）。定标一般是和评标联系在一起的，评标的过程就是确定招标归属的过程。但是，严格地讲，评标和定标是招标采购过程中不同的两个环节，也是最为关键的两个环节。

4.3.2 定标的期限

招标人应当在投标有效期内定标。投标有效期是指招标文件规定的从投标截止日起至中标人公布日止的期限。有效期的长短根据工程的大小、繁简而定。我国规定小型工程的投标有效期不超过 10 天，大中型工程不超过 30 天，特殊情况可适当延长。投标有效期是为了保证评标委员会和招标人有足够的时间对全部投标进行比较和评价。

投标有效期一般不能延长，因为它是确定投标保证金有效期的依据。如确需延长，要报招标投标主管部门备案，延长投标有效期，同时要获得投标人的同意。招标人应当向投标人书面提出延长要求，投标人应做书面答复。投标人不同意延长投标有效期的，视为投标有效期截止前撤回投标，招标人应当退回其投标保证金。同意延长投标有效期的投标人，不得因此修改投标文件，同时应相应延长投标保证金的有效期。除不可抗力原因外，因延长投标有效期造成投标人损失的，招标人应当给予补偿。

4.3.3　定标的原则

采用综合评分法评标的，中标人的投标应能够最大限度地满足招标文件规定的各项综合评价标准，且得分最高。采用经评审的最低投标价法评标的，中标人的投标应能够满足招标文件的实质性要求，并且投标报价最低，但是低于成本的投标价格除外。

应优先确定排名第一的中标候选人为中标人，如果第一中标候选人因故弃标，顺序确定第二名为中标人，依次类推。

使用国有资金投资或者国家融资的项目，招标人应确定排名第一的中标候选人为中标人。只有当第一名放弃中标，因不可抗力提出不能履行合同，或在规定期限内未能交履约保证金的情况下，招标人才可确定第二名中标，依次类推。

在确定中标人之前，招标人不得与投标人就投标价格、投标方案等实质性内容进行谈判。

招标单位未按照推荐的中标候选人排序确定中标单位的，应当在其招标投标情况的书面报告中说明理由。

4.3.4　定标的程序

1. 定标的基本程序

评标委员会按评标方法对投标文件进行评审后，提出评标报告，推荐中标候选人（一般为 1 ~ 3 名），最后由招标人确定中标人。在某些情况下，招标人也可以授权评标委员会直接确定中标人。中标人确定后，由招标人在 7 天内向中标人发出中标通知书，并同时将中标结果通知给所有未中标的投标人（发出未中标通知书)。中标人要在规定期限内（中标通知书发出 30 天内）签订合同；未中标人要在接到未中标通知书的 7 天内退还招标文件，领回投标保证金；另外，招标人还要在确定中标人之日起 15 天内向招标投标管理机构提交书面报告备案，至此招标活动圆满成功（图 4-7）。

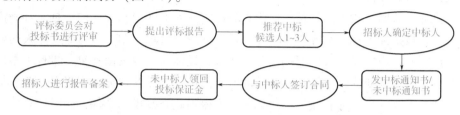

图 4-7   定标的基本程序

2. 投标人提出异议

如果投标人在中标结果确定后对中标结果有异议，甚至认为自己的权益受到了招标人的侵害，则有权向招标人提出异议，如果异议不被接受，还可以向国家有关行政监督部门提出申诉，或者直接向人民法院提起诉讼。异议书的模板如图 4-8 所示。

异 议 书

异议人（投标人）： XXXXXXXX

项目名称： XXXXX

招标编号： XXXX

包号： XXXX

异议事项：

　　XXXXXXXXXX 于 2013 年 7 月 3 日公示了 XXXXXX（项目名称）第二包中标人为：XXXXX，经我公司了解中标人：XXXXXXX 不符合招标文件资质要求，现提出异议，希望合 XXXXXXX 给予妥善处理。

事实及理由：

　　XXXXXXX 竞争性谈判文件：XXXX 谈判资质中基本条件第 XXX 条明确规定"具有独立承担民事责任的能力"，而第二包中标人"XXXXXXXX"属个人独资企业，不是公司，它受个人独资企业法律制度的约束，是非法人，承担无限责任，不具备独立承担民事责任的能力，没有响应招标文件资质条件要求，不能成为中标人选。因此，我公司提出异议。

异议要求：

希望 XXXXXXXXX 能公正处理，对该包中标人进行重新评选。

致： XXXXXXXXXXXXX

异议人： XXXXXXXXXXXXXXXX

时间：2013 年 7 月 8 日

图 4-8   异议书模板

3. 招标投标结果的备案制度

招标投标结果的备案制度是指，依法必须进行招标的项目，招标人应当自确定中标人之日起 15 日内，向有关行政监督部门提交招标投标情况的书面报告。由招标人向国家有关行政监督部门提交招标投标情况的书面报告，是为了有效监督这些项目的招标投标情况，及时发现其中可能存在的问题。值得注意的是，招标人向行政监督部门提交书面报告备案，并不是说合法的中标结果和合同必须经行政部门审查批准后才能生效，但是法律另有规定的除外。也就是说，上报中标结果只是用于备案，而不是用于审查批准。

【案例 4-3】2019 年 1 月 14 日，江苏某商务公司计划开发建设家纺城（该项目属于强制招标项目），遂向 4 家建筑公司发出了招标书，同年 1 月 26 日至 28 日，4 家建筑公司均向商务公司发出了投标文件。同期，商务公司委托了招标投标办公室的专家评委参与评标。1 月 29 日，经专家评审，其中 1 家为评标第一名，但商务公司并未当场定标，事后也未在 4 家中确定中标者。

同年 2 月 9 日，商务公司另向国内某冶金建设公司发出了"中标通知书"，双方签订施工承包合同 1 份，约定：工程由冶金建设公司总承包；合同价款暂定为 3000 万人民币，决算审定价为最后价；发包方预付承包方合同价款 300 万元等。商务公司预付工程款后，冶金建设公司进入工地履行合同。商务公司又于 2019 年 11 月称，合同因未经招标而无效，要求冶金建设公司离场、退还预付款。冶金建设公司遂向法院起诉，法院判定中标无效，合同也无效，判商务公司赔偿冶金建设公司由此产生的利益和损失。

【案例分析】招标投标的目的是通过评标委员会本着公平、公正、科学的原则从投标者中选择合适的承包者，以确保工程质量和经济效益。评标委员会评标后，招标人再在评标委员会推荐的名单外定标，就失去了招标投标的意义，属于违反《招标投标法》的行为，标外定标则合同无效。《招标投标法》第 57 条规定：招标人在评标委员会依法推荐的中标候选人以外确定中标人的，依法必须进行招标的项目在所有投标被评标委员会否决后自行确定中标人的，中标无效，责令改正，可以处中标项目金额的 5‰ 以上、10‰ 以下的罚款；对单位直接负责的主管人员和其他直接责任人员依法给予处分。

原建设部规定：施工单项合同结算价在 200 万元人民币以上或项目总投资在 3000 万元人民币以上的，必须进行招标。故本案工程项目应属强制招标投标范围，被告未参与工程的招标投标，却取得了"中标通知书"，直接违反了招标投标法的规定，中标无效，原告、被告的承包合同也无效。合同解除后，尚未履行的，终止履行；已经履行的，根据履行情况和合同性质，当事人可以要求恢复原状、采取其他补救措施，并有权要求赔偿损失。

第5章　建筑工程合同

本章知识导图

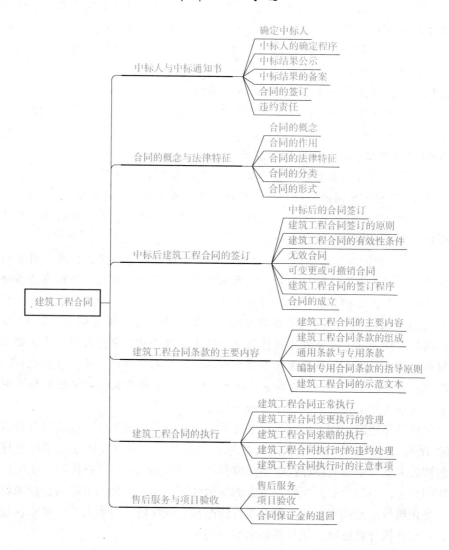

中标人与中标通知书
- 确定中标人
- 中标人的确定程序
- 中标结果公示
- 中标结果的备案
- 合同的签订
- 违约责任

合同的概念与法律特征
- 合同的概念
- 合同的作用
- 合同的法律特征
- 合同的分类
- 合同的形式

建筑工程合同
中标后建筑工程合同的签订
- 中标后的合同签订
- 建筑工程合同签订的原则
- 建筑工程合同的有效性条件
- 无效合同
- 可变更或可撤销合同
- 建筑工程合同的签订程序
- 合同的成立

建筑工程合同条款的主要内容
- 建筑工程合同的主要内容
- 建筑工程合同条款的组成
- 通用条款与专用条款
- 编制专用合同条款的指导原则
- 建筑工程合同的示范文本

建筑工程合同的执行
- 建筑工程合同正常执行
- 建筑工程合同变更执行的管理
- 建筑工程合同索赔的执行
- 建筑工程合同执行时的违约处理
- 建筑工程合同执行时的注意事项

售后服务与项目验收
- 售后服务
- 项目验收
- 合同保证金的退回

5.1　中标人与中标通知书

5.1.1　确定中标人

1. 确定中标人的时间

中标人是指招标人最终确定中标的单位。除特殊情况外，评标和定标应当在投标有效期内完成。招标文件应当载明投标有效期。投标有效期从提交投标文件截止日起计算。

2. 确定中标人的原则

招标人可以根据评标委员会提出的书面评标报告和推荐的中标候选人确定中标人，也可以授权评标委员会直接确定中标人。在确定中标人之前，招标人不得与投标人就投标价格、投标方案等实质性内容进行谈判。

5.1.2　中标人的确定程序

1. 评标委员会推荐合格的中标候选人

1）按照《评标委员会和评标方法暂行规定》的规定，依法必须招标的工程建设项目，评标委员会推荐的中标候选人应当限定在 1~3 人，并标明排列顺序。

2）政府采购货物和服务招标，评标委员会推荐中标候选人的数量应当根据采购需要确定，但必须按顺序排列中标候选人。评标委员会应当根据不同的评标方法，采取不同的推荐方法。

采用最低评标价法的，按投标报价由低到高的顺序排列；投标报价相同的，按技术指标优劣的顺序排列。评标委员会认为，排在前面的中标候选人的投标价或某些分项报价明显不合理或者低于成本的，有可能影响商品质量或不能诚信履约的，应当要求其在规定的期限内提供书面的解释说明，并提交相关证明材料；否则，评标委员会可以取消该投标人的中标候选资格，按顺序由排在后面的中标候选人递补，以此类推。

采用综合评分法的，按评审后得分由高到低的顺序排列；得分相同的，按投标报价由低到高的顺序排列；得分且投标报价相同的，按技术指标优劣的顺序排列。

采用性价比法的，按商数得分由高到低的顺序排列；商数得分相同的，按投标报价由低到高的顺序排列；商数得分且投标报价相同的，按技术指标优劣的顺序排列。

2. 招标人自行或者授权评标委员会确定中标人

招标人应当接受评标委员会推荐的中标候选人，不得在评标委员会推荐的中标候选人之外确定中标人。特殊项目，招标人应按照以下原则确定中标人。

使用国有资金投资或者国家融资等必须招标的项目，招标人应当确定排名第一的中标候选人为中标人。排名第一的中标候选人放弃中标、因不可抗力提出不能履行合同，或者招标文件规定应当提交履约保证金而其在规定的期限内未能提交的，招标人可以确定排名第二的中标候选人为中标人。排名第二的中标候选人因前款规定的同样原因不能签订合同的，招标人可以确定排名第三的中标候选人为中标人。

5.1.3　中标结果公示

确定中标人后，招标人应当在有形建筑市场发布中标结果公示，公示时间不得少于3个工作日，中标结果公示应包含的内容见表5-1。

5.1.4　中标结果的备案

招标人应当自发出中标通知书之日起15天内，向有关行政监督部门提交招标投标情况的书面报告。书面报告至少应包括下列内容，见表5-2。

表5-1　中标结果公示应包含的内容

中标结果公示应包含的内容	招标人名称
	工程名称
	结构类型
	工程规模
	招标方式
	中标价
	开标时间
	中标人名称
	公示开始时间
	公示结束时间

表5-2　书面报告包括的内容

书面报告包括的内容	招标范围
	招标方式和发布招标公告的媒介
	招标文件中的投标人须知、技术条款、评标标准和方法、合同主要条款等内容
	评标委员会的组成和评标报告
	中标结果

5.1.5　合同的签订

招标人确定中标人之后，应当及时向中标人发出中标通知书。同时，也应向其他未中标的投标人发出书面通知，并按有关规定及时退还其投标保证金。

中标通知书对招标人和中标人都有法律约束力。中标通知书发出后，招标人改变中标结果的，或者中标人放弃中标项目的，应当依法承担法律责任。中标人收到中标通知书后，即成为该项目承包商，必须在 30 天内和招标人签订合同。如果中标人拒签合同，则招标人有权没收其投标保证金，再和其他人签订合同。

5.1.6　违约责任

1）招标人不按规定期限确定中标人的，中标通知书发出后改变中标结果的，无正当理由不与中标人签订合同的，在签订合同时向中标人提出附加条件或者更改合同实质性内容的，有关行政监督部门给予警告，责令改正，根据情节可处 3 万元以下的罚款；造成中标人损失的，应当赔偿损失。

2）中标通知书发出后，中标人放弃中标项目的，无正当理由不与招标人签订合同的，在签订合同时向招标人提出附加条件或者更改合同实质性内容的，或者拒不提交所要求的履约保证金的，招标人可取消其中标资格，并没收其投标保证金；给招标人造成的损失超过投标保证金数额的，中标人应当对超过部分予以赔偿；没有提交投标保证金的，应当对招标人的损失承担赔偿责任。

3）中标人将中标项目转让给他人的，将中标项目肢解后分别转让给他人的，违法将中标项目的部分主体、关键性工作分包给他人的，或者分包人再次分包的，转让、分包无效，有关行政监督部门处转让、分包项目金额 5‰以上、10‰以下的罚款；有违法所得的，并处没收违法所得；可以责令停业整顿，情节严重的，由工商行政管理机关吊销其营业执照。

4）招标人与中标人不按照招标文件和中标人的投标文件订立合同的，招标人、中标人订立背离合同实质性内容的协议的，招标人擅自提高履约保证金或强制要求中标人垫付中标项目建设资金的，有关行政监督部门责令改正，可以处中标项目金额 5‰以上、10‰以下的罚款。

5）中标人不履行与招标人订立的合同的，履约保证金不予退还，给招标人造成的损失超过履约保证金数额的，还应当对超过部分予以赔偿；没有提交履约保证金的，应当对招标人的损失承担赔偿责任。

6）中标人不按照与招标人订立的合同履行义务，情节严重的，有关行政监督部门取消其 2～5 年参加招标项目的投标资格并予以公告，直至由工商行政管理机关吊销营业执照。

7）招标人不履行与中标人订立的合同的，应当双倍返还中标人的履约保证金；给中标人造成的损失超过返还的履约保证金的，还应当对超过部分予以赔偿；没有提交履约保证金的，应当对中标人的损失承担赔偿责任。

【案例 5-1】 案例概况：某建设工程招标投标过程中，评标委员会评审后推荐 A、B、C 三家投标单位为前 3 名中标候选人。在中标通知书发出前，建设单位要求监理单位分别找 A、B、C 投标单位重新报价，以价格低者为中标单位，按原投标报价签订施工合同后，建设单位与中标单位再以新报价签订协议书作为实际履行合同的依据。监理单位认为建设单位的要求不妥，并提出了不同意见，建设单位最终接受了监理单位的意见，确定 C 单位为中标单位。

问题：本案中，建设单位的要求违反了招标投标有关法规的哪些具体规定？

【案例分析】 确定中标人前，招标人不得与投标人就投标文件实质性内容进行协商；招标人与中标人必须按照招标文件和中标人的投标文件订立合同，不得再行订立背离合同实质性内容的其他协议。

5.2 合同的概念与法律特征

5.2.1 合同的概念

合同又称契约，是平等主体的自然人、法人、其他组织之间设立、变更、终止民事权利义务关系的协议。

合同有广义和狭义之分。广义的合同泛指发生一定权利义务的协议；狭义的合同专指双方或多方当事人关于设立、变更、终止民事法律关系的协议。

5.2.2 合同的作用

1. 合同是维护签约双方当事人合法权益的保障

合同当事人应该本着平等互利、等价有偿、诚实信用、协商一致的原则签订合同，这样便以法律的形式明确了双方的权利与义务。当合同当事人发生纠纷时，仲裁机关和人民法院便可以按照合同中约定的当事人的权利和义务，本着以事实为依据、以法律为准绳的原则，公正、合理、及时地解决纠纷，从而使当事人的合法权益得到保障。

2. 合同是促进企业加强全面管理、提高经济效益的手段

签订了合同，企业便可以放心地安排生产，有计划地购进原材料，从而避免产品的大量积压和浪费。企业按照合同销售，可以避免产品积压，也可以及时收回货款。同时，企业的其他部门，如运输、质量、后勤等部门的工作也都围绕着执行合同来运转。为了维护本企业信誉，提高产品在市场上的竞争力，企业会自

觉加强经营管理，合理安排生产，提高产品质量，降低成本，从而提高经济效益。

5.2.3　合同的法律特征

合同的法律特征主要有五个，见表 5-3。

表 5-3　合同的法律特征

	合同是一种民事法律行为
合同的法律特征	合同是一种双方或多方共同的民事法律行为
	合同是以设立、变更、终止财产性的民事权利义务为目的
	合同的订立、履行，应当遵守法律、法规
	合同依法成立

合同的法律特征的具体内容如下：

1）合同是合同当事人意思表示的结果，以设立、变更、终止财产性的民事权利义务为目的，合同的内容是由当事人意思表示的内容来确定的。因而，合同是一种民事法律行为。

2）合同的成立有两个或两个以上的当事人，合同的各方当事人平行做出意思表示，各方当事人的意思表示要达成合意，这种合意是当事人平等自愿协商的结果。

3）当事人签订合同的目的，在于为了各自的或共同的利益。即在合同当事人之间，为了保证其利益实现，以合同的方式来设立、变更、终止财产性的民事权利义务关系。

4）无论是合同的主体、订立合同的程序、合同的形式、合同的内容，还是合同的履行、合同的变更或解除，都必须合法。

5）合同的成立，具有法律约束力，即合同的当事人必须遵守合同的规定，如果违反，就要承担相应的法律责任。

5.2.4　合同的分类

合同依据特点和形式主要可以分为以下几类（图 5-1）。

1. 计划合同与非计划合同

计划合同是依据国家有关计划签订的合同。非计划合同是当事人根据市场需求和自己的意愿订立的合同。虽然在市场经济中，依国家有关计划订立的合同的比重降低了，但仍然有一部分合同是依据国家有关计划订立的。对于计划合同，

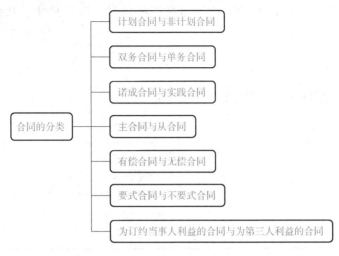

图 5-1　合同的分类

有关法人、其他组织之间应当依照有关法律、行政法规规定的权利和义务订立合同。

2. 双务合同与单务合同

双务合同是当事人双方相互享有权利和相互负有义务的合同。大多数合同都是双务合同，如建设工程合同。单务合同是指合同当事人双方并不相互享有权利和不相互负有义务的合同，如赠与合同。

3. 诺成合同与实践合同

根据合同的成立是否需要交付标的物，可将合同分为诺成合同与实践合同。诺成合同，又称不要物合同，是指当事人意思表示一致即可成立的合同。实践合同，又称要物合同，是指除当事人意思表示一致外，还必须交付标的物才能成立的合同。在现代经济生活中，大部分合同都是诺成合同，这种合同分类的目的在于确立合同的生效时间。

4. 主合同与从合同

主合同是指不依赖其他合同即可独立存在的合同。从合同是以主合同的存在为存在前提的合同。主合同的无效、终止将导致从合同的无效、终止，但从合同的无效、终止不能影响主合同。担保合同是典型的从合同。

5. 有偿合同与无偿合同

有偿合同是指合同当事人双方均须给予另一方相应权益才能取得自己利益的合同。而无偿合同的当事人一方无须给予另一方相应权益即可从另一方取得利益。在市场经济中，绝大部分合同都是有偿合同。

6. 要式合同与不要式合同

根据合同的成立是否需要特定的形式，可将合同分为要式合同与不要式合同。要式合同是指法律要求必须具备一定的形式和手续的合同。不要式合同是指法律不要求必须具备一定形式和手续的合同。

7. 为订约当事人利益的合同与为第三人利益的合同

根据订立的合同是为谁的利益，可将合同分为为订约当事人利益的合同与为第三人利益的合同。为订约当事人利益的合同，是指仅订约当事人享有合同权利和直接取得利益的合同。为第三人利益的合同，是指订约的一方当事人不是为了自己，而是为第三人设定权利，使其获得利益的合同。在这种合同中，第三人既不是缔约人，也不通过代理人参加订立合同，但可以直接享有合同的某些权利，可直接基于合同取得利益。如为第三人利益订立的保险合同。

5.2.5　合同的形式

合同的形式是指缔约当事人所达成的协议的表现形式。《民法典》第 135 条规定：民事法律行为可以采用书面形式、口头形式或者其他形式；法律、行政法规规定或当事人约定采用特定形式的，应当采用特定形式。

书面形式是指当事人以文字的形式表达协议的内容。一般表现为合同书、协议书等。当事人之间来往的电报、图表、修改合同的文书，都属于合同的书面形式。口头形式是指合同当事人直接通过对话订立的合同。除此之外，实际操作中还出现有公证形式、鉴证形式、批准形式、登记形式等。书面形式权利义务记载明确，作为合同证据，其效力也优于其他证据，有利于权利义务的履行。

在合同订立过程中，分为法定书面形式和当事人双方约定为书面订立合同。当事人约定采用书面形式的，应当采用书面形式。建设工程合同、借款合同、租赁期限六个月以上的租赁合同、融资租赁合同，应当采用书面形式。建设工程实行监理的，发包人应当与监理人采用书面形式订立委托监理合同。发包人与监理人的权利和义务以及法律责任，应当依照本法委托合同以及其他有关法律、行政法规的规定。

《民法典》第 400 条规定：抵押人和抵押权人应当以书面形式订立抵押合同；第 427 条规定：出质人和质权人应当以书面形式订立质押合同。当事人在定金合同中应当约定交付定金的期限，定金合同从实际交付定金时成立。

《招标投标法》第 46 条规定：招标人和中标人应当按照招标文件和中标人的投标文件订立书面合同。招标人和中标人不得再行订立背离合同实质性内容的其他协议。除此之外，在其他个别法律法规当中，也有对合同的形式做出明确规定。当事人约定采用书面形式的，应当采用书面形式。

5.3 中标后建筑工程合同的签订

5.3.1 中标后的合同签订

招标人和中标人应当自中标通知书发出之日起 30 日内，按照招标文件和中标人的投标文件订立书面合同。招标人和中标人所订立合同的标的、价款、质量、履行期限等主要条款应当与招标文件和中标人的投标文件的内容一致。

如果招标人和中标人不按照招标文件和中标人的投标文件订立合同，合同的主要条款与招标文件、中标人的投标文件的内容不一致，或者招标人、中标人订立背离合同实质性内容的协议的，由有关行政监督部门责令改正，可以处中标项目金额5‰以上10‰以下的罚款。

5.3.2 建筑工程合同签订的原则

建筑工程合同签订的原则有以下 5 项（图5-2）。

1. 平等原则

平等原则是指不论合同的当事人是自然人还是法人，也不论其经济实力强弱和社会地位高低，他们在法律上的地位一律平等。同时，法律也给双方提供平等的法律保护和约束。

合同当事人的法律地位平等，一方不得将自己的意志强加给另一方。平等原则所指的法律地位平等，并非

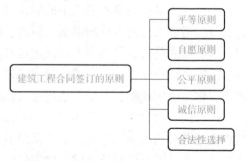

图5-2 建筑工程合同签订的原则

指合同双方当事人事实上平等，权利义务相同，而是指在双方权利义务对等、法律利益相对平衡的情况下，在签署合同时双方的平等地位。

根据该原则，合同当事人之间应当就合同条款充分协商，取得一致。订立的合同是双方当事人意思表示一致的结果，是在互利互惠基础上充分表达双方意见，就合同条款取得一致后达成的协议，故任何一方都不应当凌驾于另一方之上，也不得将自己意志强加给对方，更不得以强迫命令、胁迫等手段与对方签订

合同。

2. 自愿原则

当事人依法享有自愿订立合同的权利，任何单位和个人不得非法干预。自愿原则是指合同当事人在法律的规定范围内，在合法的前提下，通过协商，自愿决定和调整当事人之间的权利义务关系。自愿原则体现了民事活动的基本特征，是民事关系区别于行政法律关系、刑事法律关系的特有的原则。

自愿原则贯彻合同签订全过程，根据其内涵，当事人有权依据自己意愿自主决定是否签订合同、与谁订合同，签订合同时，有权选择对方当事人，在合同履行过程中，当事人可以协议补充、协议变更有关内容。双方也可以协议解除合同，约定违约责任，在发生争议时，当事人可以自愿选择解决争议的方式。

3. 公平原则

公平原则亦称正义原则。法律的意义在于坚持社会正义，公平地确定法律主体之间的民事权利义务关系。其含义主要表现如下：

1）在合同订立方面。作为平等的合同主体，双方当事人都有权公平参与，在明确合同双方权利义务的内容时，应当兼顾各方利益，公平协商对待。订立格式合同时提供格式合同的一方应遵循公平原则。《民法典》第 497 条规定：提供格式条款的一方不合理地免除其责任、加重对方责任、限制对方主要权利的条款无效；第 498 条规定：当对格式条款的解释有两种以上时，应当做出不利于提供格式条款一方的解释。

2）合同的撤销方面。订立合同时显失公平的，一方当事人有权请求人民法院或者仲裁机构变更或者撤销合同，但《民法典》第 541 条同时规定：行使撤销权应当在自当事人知道或者应当知道撤销事由之日起一年内行使。

3）违约责任方面。约定的违约金低于或者过分高于造成的损失的，当事人可以请求人民法院或者仲裁机构予以增加或适当减少。

在司法实践中，一般情况下司法机关会根据当事人的具体行为，结合相关法律的明确规定，充分考虑当事人的行为是否违背了关于公平原则的强制性规范。但同时也需要当事人在围绕合同开展的各个环节中把握此原则进行操作。

4. 诚信原则

诚信原则是指合同当事人在行使权利和履行义务时，都要本着诚实信用的原则，不得规避法律或合同规定的义务，也不得隐瞒或欺诈对方。合同双方当事人本着诚实信用的态度来履行自己的合同义务，欺诈行为和不守信用行为都是法律所不允许的。

5. 合法性选择

法律规定当事人在订立及履行合同时，应符合国家强制性法律的要求，不违背社会公共利益，不扰乱社会经济秩序。合法性包含以下两层含义：

1）合同形式和内容等各构成要件必须符合法律的要求。合同是订立各方意思自愿协议的成果，规定和约束着各方的权利义务关系，调整当事人之间的法律关系，而不受国家公权力的干预。但根据合同法律的相关规定，订立合同的双方当事人必须具备合法的主体资格，订立的合同在内容和形式上也应当不违反法律的禁止性规定，否则视为无效合同，不受法律的保护。此外，当事人订立合同还需要有合法的目的，否则合同依然被认定为无效且不受法律保护。

2）合同涉及的标的不能违背社会公共利益，不得损害其他法律所保护的利益。为了规范当事人之间的权利义务关系，促进社会经济的发展和规范化，要求当事人达成合意的内容不能违反社会公共利益。根据我国的具体国情，社会公共利益的内容主要为国家安全、生存环境、公民身体健康、社会道德及风俗习惯等。

5.3.3 建筑工程合同的有效性条件

建筑工程合同想要有效，必须具备以下条件（表5-4）。

表5-4 建筑工程合同的必备条件

建筑工程合同的必备条件	承包人具有相应的资质等级
	双方的意思表示真实
	合同不违反法律和社会公共利益
	合同标的必须确定和可能

有两种情况例外：一种是承包人超越资质等级许可的业务范围签订建筑工程施工合同，在建筑工程竣工前取得相应资质等级，当事人请求按照无效合同处理的，不予支持；另外一种是具有劳务作业法定资质的承包人与总承包人、分包人签订的劳务分包合同，当事人以转包建筑工程违反法律规定为由请求确认无效的，不予支持。

在招标投标过程中，中标结果由评标委员会评审并经过公示，在此基础上，招标人和中标人双方都在招标文件和投标文件的范围内活动，中标合同是双方意思的真实表示，所以中标合同是有法律效力的。

5.3.4 无效合同

无效合同是指当事人违反了法律规定的条件而订立的，国家不承认其效力，不给予法律保护的合同。无效合同从订立之时起就没有法律效力，不论合同履行到什么阶段，合同被确认无效后，这种无效的确认要追溯到合同订立时。

1. 无效合同的确认

属于无效合同的情形见表 5-5。

表 5-5　属于无效合同的情形

属于无效合同的情形	恶意串通，损害国家、集体或者第三人利益
	以合法形式掩盖非法目的
	损害社会公众利益
	违反法律、行政法规的强制性规定

无效合同的确认权归合同管理机关和人民法院。

2. 合同部分条款无效

合同中的下列免责条款无效：

1）对一方造成人身伤害的。

2）因故意或重大过失造成对方财产损失的。

免责条款是当事人在合同中规定的某种情况下免除或者限制当事人未来责任的条款。一般情况下，合同中的免责条款都是有效的。但是，如果免责条款所产生的后果具有社会危害性和侵权性，侵害了对方当事人的人身权利和财产权利，则免责条款将不具有法律效力。

3. 无效合同的处理

无效合同的处理共有四种方法，见表 5-6。

表 5-6　无效合同的处理方法

无效合同的处理方法	无效合同自合同签订时就没有法律约束力
	合同无效分为整个合同无效和部分合同无效，如果是部分合同无效，不影响其他有效部分的法律效力
	合同无效，不影响合同中独立存在的有关解决争议条款的效力
	合同无效，因该合同取得的财产，应予返还；有过错的一方应当赔偿对方因此的损失

5.3.5　可变更或可撤销合同

1. 可变更或可撤销合同的概念

可变更合同是指合同部分内容违背当事人的真实意思表示时，当事人可以要求对该部分内容予以变更，具体情况可参考《民法典》第533、543条规定。可撤销合同是指一方当事人意思表示不真实时，允许当事人依照自己的意思行使撤销权撤销合同。合同当事人一方有权请求人民法院或者仲裁机构撤销合同的情形：

1）基于重大误解订立的。

2）在订立合同时显失公平的。

3）一方以欺诈、胁迫的手段，使对方在违背真实意思的情况下订立的。

4）一方利用对方处于危困状态、缺乏判断能力等情形，致使合同成立时显失公平的。

可撤销合同与无效合同的区别见表5-7。

表5-7 可撤销合同与无效合同的区别

可撤销合同与无效合同的区别	效力不同。可撤销合同在被撤销前仍有法律效力；无效合同自始至终不具有法律效力
	期限不同。可撤销合同中具有撤销权的当事人从知道撤销事由之日起1年内没有行使撤销权，或者知道撤销事由后明确表示或者以自己的行为表示放弃撤销权，则撤销权消灭。无效合同从订立之日起就无效，不存在期限

2. 合同撤销权的消灭

法律对撤销权的行使有一定的限制，有下列情形之一的，撤销权消灭：

1）具有撤销权的当事人自知道或者应当知道撤销事由之日起1年内没有行使撤销权。

2）具有撤销权的当事人知道撤销事由后明确表示或者以自己的行为表明放弃撤销权。

3）合同被撤销后的法律后果。

3. 当事人名称或者法定代表人的变更对合同效力的影响

当事人名称或者法定代表人的变更不对合同效力产生影响。合同生效后，当事人不得因姓名、名称的变更或者法定代表人、负责人、承办人的变动而不履行合同义务。

4. 当事人合并或分立对合同效力的影响

订立合同后，当事人与其他法人或组织合并，合同的权利和义务由合并后的新法人或组织承担，合同仍然有效。

订立合同后成立的，分立的当事人应及时通知对方，并告知合同权利和义务的继承人，双方可以重新协商合同的履行方式。如果分立方没有告知或协商后对方当事人仍不同意，则合同的权利义务由分立后的法人或组织连带负责，即享有连带债权，承担连带债务。

5.3.6　建筑工程合同的签订程序

签订合同的程序是指签订合同的各方当事人经过平等协商，就合同的内容取得一致意见的过程。签订合同一般要经过要约与承诺两个步骤，而建筑工程合同的签订有其特殊性，需要经过要约邀请、要约和承诺三个步骤。

1. 要约

（1）要约的意思　要约又称发盘、出价、报价。一般意义而言，要约是一种定约行为，是希望和他人订立合同的意思表示，发出要约的一方为要约人，接受要约的一方为受要约人。对于要约的性质及其构成要件可从以下几个方面理解：

1）要约是由特定人做出的意思表示。要约是达成合同的前提条件之一，要约人应当是订立合同的一方当事人，明确了要约人，受要约人才能够向要约人做出承诺，以达成合同。

2）要约的内容应当具体确定。内容具体是指要约的内容必须是合同成立所必需的条款，即合同的主要条款，是使受要约人能够根据一般的交易规则理解要约人的意图的要求。如在货物招标采购合同中，主要条款应包括货物的内容、合同价格或者确定价格的方法、货物的数量或者规定数量的方法以及履行的方式等。

3）要约必须具有订立合同的意图。要约人发出要约之后，一旦受要约人做出相应的承诺，合同关系即为成立。要约人应当受其发出的要约内容的约束，不得随意撤回或者撤销要约，也不得随意变更要约内容，应承担相应的义务。

（2）要约邀请　要约邀请也称要约引诱，是希望他人向自己发出要约的意思表示。要约邀请主要有以下特点：

1）要约邀请也是一种意思表示，应符合意思表示的一般特点。

2）要约邀请的目的在于诱使他人向自己发出要约，而非希望获得相对人的承诺。即其只是订立合同的预备，而非订立行为。

3）要约邀请既不能因相对人的承诺而成立合同，也不能因自己做出某种承诺而约束要约人。行为人撤回其要约邀请，在没有给相对人造成利益损失的情况下，可不承担法律责任。

招标公告一般应当视为要约邀请。招标为订立合同的一方当事人采用招标公告的形式向不特定人发出的、以吸引或邀请相对方发出要约为目的的意思表示。

实践中，要约邀请的表现形式包括寄送的价目表、拍卖公告、招股说明书、商业广告等。其中，商业广告的内容如果符合要约规定，应当视为要约。

（3）要约的效力　要约的效力分别表现为对要约人和受要约人的拘束力。要约在到达受要约人时生效。采用数据电文形式发出要约的：收件人指定特定系统接收数据电文的，该数据电文进入该特定系统的时间，视为到达时间；未指定特定系统的，该数据电文进入收件人的任何系统的首次时间，视为到达时间。

（4）要约的撤回与撤销　要约的撤回是指要约人在发出要约后，于要约到达受要约人之前取消其要约的行为。要约可以撤回，撤回要约的通知应当在要约到达受要约人之前或者与要约同时到达受要约人。可以理解为，在此情况下，被撤回的要约实际上是尚未生效的要约。倘若撤回的通知于要约到达后到达，而按其通知方式依通常情形应先于要约到达或同时到达，则在此情况下，要约一旦到达即视为生效，根据诚实信用原则，要约人一般不能任意撤回。

要约的撤销是指要约人在要约生效后，取消要约，使之失去法律效力的行为。要约的撤回发生在要约生效之前，而要约的撤销发生在要约生效之后。要约可以撤销，撤销要约的通知应当在受要约人发出承诺通知之前到达受要约人。《民法典》第476条规定，如有下列情形之一的，要约不得撤销：

1）要约人确定了承诺期限或者以其他形式明示要约不可撤销。

2）受要约人有理由认为要约是不可撤销的，并已经为履行合同做了准备工作。

2. 承诺

（1）承诺的意思和特征　承诺是受要约人同意要约的意思表示，具有以下法律特征（表5-8）。

表5-8　承诺的法律特征

承诺的主体必须为受要约人	如果要约是向特定人发出的，承诺需由该特定人做出，根据代理制度，特定人授权委托的代理人也可以作为承诺的主体；如果要约是向不特定人发出的，不特定人均具有承诺资格。受要约人以外的人不具有承诺资格
承诺的内容必须明确表示受要约人与要约人订立合同	对做出承诺的要求与对要约的要求一样，都需要表意人做出明确具体的意思表示。承诺的内容应当与要约的内容一致。受要约人对要约的内容做出实质性变更的，为新要约。有关合同标的、数量、质量、价款或者报酬、履行期限、履行地点和方式、违约责任和解决争议方法等的变更，是对要约内容的实质性变更。在此规定之下，除非要约人做出接受的表示，否则新要约对要约人无任何约束力

（续）

承诺必须在合理期限内向要约人发出	承诺应当在要约确定的期限内到达要约人。要约没有确定承诺期限的，如果要约是以对话方式做出的，应当场及时做出承诺的意思表示，但当事人另有约定的除外。如果要约以其他方式做出，承诺应当在合理期限内到达要约人

（2）承诺的效力　承诺生效时合同成立。承诺通知在到达要约人时生效。承诺不需要通知的，根据交易习惯或者要约的要求，在做出承诺的行为时生效。采用数据电文形式订立合同的，收件人指定特定系统接收数据电文的，该数据电文进入该特定系统的时间，视为到达时间；未指定特定系统的，该数据电文进入收件人的任何系统的首次时间，视为到达时间。

（3）承诺的撤回与迟延　承诺的撤回是指受要约人在其做出的承诺生效之前将其撤回的行为。承诺一经撤回，即不发生承诺的效力，阻却了合同的成立。撤回承诺的通知应当在承诺通知到达要约人之前或者与承诺通知同时到达要约人。

承诺必须以明示的通知方式做出，且此通知应当在一定时间之内做出。受要约人超过承诺期限发出承诺的，除要约人及时通知受要约人该承诺有效以外，应当视其为新的要约。但承诺因意外原因而迟延者，并非一概无效。受要约人在承诺期限内发出承诺，通常情况下能够及时到达要约人，但因其他原因导致承诺到达要约人时已超过承诺期限的，除要约人及时通知受要约人因承诺超过期限不接受该承诺的以外，该承诺有效。

5.3.7　合同的成立

建筑工程合同成立的 4 种情形见表 5-9。

表 5-9　建筑工程合同成立的情形

建筑工程合同成立的情形	当事人采用合同书形式订立合同的，双方当事人签字或者盖章时合同成立
	当事人采用信件、数据电文等形式订立合同的，在合同成立之前要求签订确认书的，签订确认书时合同成立
	法律、行政法规规定或者当事人约定采用书面形式订立合同，当事人一方未采用书面形式但另一方已经履行主要义务，对方接受的，该合同成立
	采用合同书形式订立合同，在签字或者盖章之前，当事人一方已经履行主要义务，对方接受的，该合同成立

中标合同的签订、执行与验收是整个招标工作的重要环节。招标投标双方必须按照合同的约定全面履行合同，任何一方违约，都要承担相应的赔偿责任。

5.4 建筑工程合同条款的主要内容

5.4.1 建筑工程合同的主要内容

合同的内容由当事人约定，这是合同自由的重要体现。相关法律中包括了合同一般应当包括的条款，但具备这些条款不是合同成立的必备条件。建筑工程合同应当包括以下内容（图5-3），但由于建筑工程合同往往比较复杂，合同中的内容往往并不全部在狭义的合同文本中，有些内容反映在工程量表中，有些内容反映在当事人约定采用的质量标准中。

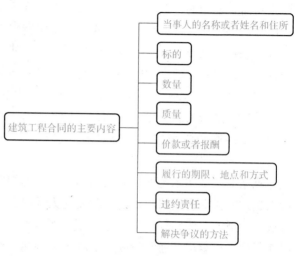

图5-3 建筑工程合同的主要内容

1. 当事人的名称或者姓名和住所

合同主体包括自然人、法人、其他组织。明确合同主体，对了解合同当事人的基本情况、合同的履行和确定诉讼管辖具有十分重要的意义，自然人的姓名是指经户籍登记管理机关核准登记的正式用名。自然人的住所是指自然人有长期居住的意愿和事实的所在地，即经常居住地。法人、其他组织的名称是指经登记主管机关核准登记的名称，如公司的名称以企业营业执照上的名称为准。法人和其他组织的住所是指它们的主要营业地或者主要办事机构所在地。

2. 标的

标的是合同当事人双方权利和义务共同指向的对象。标的的再现形式为物、劳务、行为、智力成果、工程项目等。没有标的的合同是空的，标的不明确的合同无法履行，合同也不能成立。所以，标的是合同的首要条款，签订合同时，标的必须明确、具体，必须符合国家法律和行政法规的规定。

3. 数量

数量是衡量合同标的多少的尺度，用数字和计量单位表示。没有数量或数量的规定不明确，当事人双方权利义务的多少、合同是否完全履行都无法确定。数量计量单位必须用国家规定的法定计量单位，以免当事人产生不同的理解。施工合同中的数量主要体现的是工程量的大小。

4. 质量

质量是标的的内在品质和外观形态的综合指标。签订合同时，必须明确质量标准。合同对质量标准的约定应当是准确而具体的，对于技术上较为复杂的和容易引起歧义的词语、标准，应当加以说明和解释。对于强制性的标准，当事人必须执行，合同约定的质量不得低于该强制性标准。对于推荐性的标准，国家鼓励采用。一般来说，如果有国家标准，则依国家标准执行；如果没有国家标准，则依行业标准执行；没有行业标准，则依地方标准执行；没有地方标准，则依企业标准执行。建筑工程中的质量标准大多是强制性的质量标准，当事人的约定不能低于这些强制性的标准。

5. 价款或者报酬

价款或者报酬是当事人一方向交付标的的另一方支付的货币。标的物的价款由当事人双方协商，但必须符合国家的物价政策，劳务酬金也是如此。合同条款中应有约定有关银行结算和支付方法的条款。价款或者报酬在勘察、设计合同中表现为勘察费、设计费，在监理合同中体现为监理费，在施工合同中体现为工程款。

6. 履行的期限、地点和方式

履行的期限是当事人各方依照合同规定全面完成各自义务的时间。履行的地点是指当事人交付标的和支付价款或酬金的地点，包括标的的交付、提取地点；服务、劳务或工程项目建设的地点；价款或劳务的结算地点；施工合同的履行地点是工程所在地。履行的方式是指当事人完成合同规定义务的具体方法，包括标的的交付方式和价款或酬金的结算方式。履行的期限、地点和方式是确定合同当事人是否适当履行合同的依据。

7. 违约责任

违约责任是任何一方当事人不履行或者不适当履行合同规定的义务时应当承担的法律责任。当事人可以在合同中约定，一方当事人违反合同时，需要向另一方当事人支付一定数额的违约金，或者约定违约损害赔偿的计算方法。

8. 解决争议的方法

合同履行的过程中不可避免地会产生争议，为使争议发生时有一个双方都能接受的解决办法，应当在合同条款中对此做出规定。

5.4.2 建筑工程合同条款的组成

建筑工程合同条款由以下几项内容组成（图 5-4）。

1）合同协议书：应按施工招标文件确定的格式拟定。合同协议书是合同双方的总承诺，具体内容应约定在协议书附件和其他文件中。已标价的工程量清单是投标人在投标阶段的报价承诺，在合同实施阶段用于发包人支付合同价款，在工程完工后用于合同双方结清合同价款。

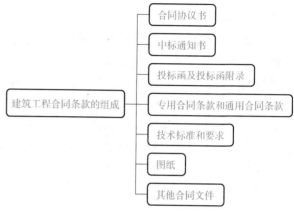

图 5-4　建筑工程合同条款的组成

2）中标通知书：应由发包人在确定中标人后，按施工招标文件确定的格式拟定。

3）投标函及投标函附录：投标函及投标函附录中包含订立合同的双方在合同中相互承诺的条件，应附入合同文件。

4）专用合同条款和通用合同条款：专用合同条款和通用合同条款是整个合同中最重要的合同文件。它根据公平原则，约定了订立合同的双方在履行合同全过程中的工作规则。其中，通用合同条款要求的是各建设行业共同遵守的共性规则，专用合同条款则是由各行业根据其行业的特殊情况自行约定的行业规则，但各行业自行约定的行业规则不能违背通用合同条款已约定的通用规则。

5）技术标准和要求：技术标准和要求是施工合同中根据工程的安全、质量和进度目标，约定合同双方应遵守的内容，对技术标准中的强制性规定必须严格遵守。

6）图纸：图纸是指施工合同中用于工程施工的全部工程图纸和有关文件。

7）其他合同文件：其他合同文件是合同双方约定需要进入合同的其他文件。

5.4.3 通用条款与专用条款

专用条款是招标投标的重要内容。招标文件中载明的合同主要条件是双方签订合同的依据，一般不允许更改。编制合理、合法的专用合同条款，是招标人或招标代理机构比较重要的工作。招标文件中的合同条款是招标人单方面订立的，投标人同意了才能参加投标，即由要约人（投标人或合同中的承包人）向受要约人（招标人或合同中的发包人）发出要约。一旦选定中标人，招标文件里的合同条件就成为受要约人的承诺，具有法律约束力。

通用条款中已经制定的，不允许更改，因为它是依据国家相关法律法规的规定合理编制的。专用条款中不得再制定与通用条款相抵触的内容，如果通用条款中说明另有约定的，应在专用条款中约定，以免造成以后合同签订和实施过程中不必要的麻烦。

5.4.4　编制专用合同条款的指导原则

对招标人或招标代理机构来说，编制专用合同条款要遵守以下指导原则：

1）遵守我国的法律、行政法规和部门规章，遵守工程所在地的地方性法规、自治条例、单行条例和地方政府规章，遵守合同有效性的必要条件。

2）按合同的公平原则设定合同双方的责任、权利和义务。公正、公平的理念是工程顺利实施的重要保障。合同双方的责任、权利和义务以及各项合同程序和条款内容的设定均应贯彻公平原则。

3）根据我国现行的建设管理制度设定合同管理的程序和内容。我国现行的建设管理制度包括项目法人责任制、招标投标制和建设监理制等，还包括国家和相关部门有关建设管理的规章和规定。合同条款设定的各项管理程序不能违背现行的建设管理制度。

4）合同的基本属性要比较到位，合同双方的责任、权利和义务的约定要比较清晰，要坚持将各项合同程序设定得比较严密、科学并且操作性强，要强调解决合同事宜的及时性，在履约过程中应及时解决好合同变更、出现争议等问题。

5.4.5　建筑工程合同的示范文本

1. 施工合同示范文本

施工合同示范文本由协议书、通用条款、专用条款三部分组成（表5-10）。

表 5-10　施工合同示范文本的组成

协议书	协议书是《建筑工程施工合同（示范文本）》中总纲性的文件
通用条款	具有很强的通用性，基本适用于各类建设工程
专用条款	对通用条款做必要的修改与补充

其中协议书的内容包括工程概况、工程承包范围、合同工期、质量标准、合同价款、组成合同的文件等。

2. 监理合同示范文本

该示范文本由建筑工程委托监理合同、标准条件和专用条件三部分组成。

1）建筑工程委托监理合同是一份标准的格式化文件，其主要内容是双方确认的监理工程的概况、合同文件的组成、委托的范围、价款与酬金、合同生效与订立时间等。

2）监理合同的标准条件共49条，是通用条款，适用于各类工程监理委托。它是合同双方应遵守的基本条件，包括双方的权利、义务、责任，合同的生效、变更与终止，以及监理报酬等方面的内容。

3）监理合同专用条件是指对监理合同的地域特点、项目特征、监理范围、监理内容、委托人的常驻代表、监理报酬、赔偿金额等内容，根据双方当事人意愿进行补充与修订的一些特殊条款。

3. 勘察设计合同示范文本

勘察设计合同示范文本由合同协议书、通用合同条款和专用合同条款三部分组成。

1）合同协议书：主要包括工程概况、勘察技术的范围和阶段、技术要求及工作量、合同工期、质量标准、合同价款、合同文件构成、承诺、词语定义、签订时间、签订地点、合同生效和合同份数等内容，集中约定了合同当事人基本的合同权利义务。

2）通用合同条款：通用合同条款是合同当事人根据相关法律法规的规定，就工程勘察设计的实施及相关事项对合同当事人的权利义务做出的原则性约定。

通用合同条款具体包括一般约定、发包人、勘察设计单位、工期、成果资料、后期服务、合同价款与支付、变更与调整、知识产权、不可抗力、合同生效与终止、合同解除、责任与保险、违约、索赔、争议解决及补充条款等。上述条款安排既考虑了现行法律法规对工程建设的有关要求，也考虑了工程勘察管理的特殊需要。

3）专用合同条款：专用合同条款是对通用合同条款原则性约定的细化、完善、补充、修改，或另行约定的条款。合同当事人可以根据不同建设工程的特点及具体情况，通过双方的谈判、协商对相应的专用合同条款进行修改补充。在使用专用合同条款时，应注意以下事项，见表5-11。

表5-11　专用合同条款的注意事项

专用合同条款的注意事项	专用合同条款编号应与相应的通用合同条款编号一致
	合同当事人可以通过对专用合同条款的修改，满足具体项目工程勘察的特殊要求，避免直接修改通用合同条款
	专用合同条款中有横线的地方，合同当事人可针对相应的通用合同条款进行细化、完善、补充、修改或另行约定，如无细化、完善、补充、修改或另行约定，则填写"无"或画"/"

5.5　建筑工程合同的执行

5.5.1　建筑工程合同正常执行

在合同执行过程中，招标人、中标人都要对合同各条款进行跟踪管理，通过检查发现问题，并及时协调解决，提高合同履约效率。合同执行检查的主要内容有：检查相关法律及有关法规的贯彻执行情况；检查合同管理办法及有关规定的贯彻执行情况；检查合同的履行情况，以减少和避免合同纠纷的发生。根据检查结果确定己方和对方是否有违反合同现象。如果是己方违反合同，要立即提出补救措施并及时纠正；如果是对方违反合同，则应向对方提供合同管理的各种报告，提醒其履行合同。

招标人、中标人为保护各自的利益，除了在合同条款上应做出各自在对方不能履行或可能不履行义务时所拥有的权利和应该采取的补救措施外，在实际执行合同过程中必须运用合同或法律赋予己方相应的权利。在实际合同管理中，一方的工程延期、质量有严重问题、拖欠付款等都可能导致另一方运用抗辩权进行自我保护。

5.5.2　建筑工程合同变更执行的管理

1. 合同变更的原则

建筑工程合同变更必须坚持协商一致的原则、法定事由的原则和须具备法定形式的原则，禁止单方擅自或者任意变更合同。合同生效后，当事人不得因其主体名称的变更或者法定代表人、负责人、承办人的变动而主张和请求合同变更。

2. 合同变更的管理

实施阶段的合同管理，本质上是合同履行管理，是对合同当事人履行合同义务的监督和管理。要防止合同过多地变更，要始终围绕质量、工期、造价三项目标开展工作。在项目实施过程中，通过各方面具体的合同管理工作，对合同进行跟踪检查，使工程质量、工期、造价得以有效控制。

5.5.3　建筑工程合同索赔的执行

索赔是合同文件赋予合同双方的权利，合同双方都可以通过索赔弥补己方的损失。索赔同时建立了合同双方相互制约的一种机制，促进双方提高各自的管理水平。索赔程序如图5-5所示。

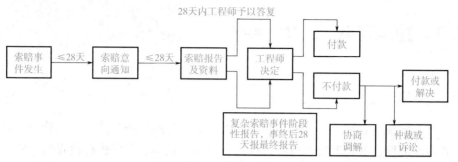

图 5-5   索赔程序

鉴于索赔对于工程本身及合同双方的巨大影响，当事人处理索赔时应本着积极、公正、合理的原则，处理索赔事件的人员更应具备良好的职业道德、丰富的理论知识、敏锐的应变能力。招标人、中标人要分析可能发生索赔的原因，制订防范性对策，以减少对方索赔事件的发生。

变更或索赔处理不当以及双方对经济利益的处理意见不一致等都可能发展为争议。争议的解决方法见表5-12。

表 5-12   争议的解决方法

解决方法	方法释义
友好协商	双方在不借助外部力量的前提下自行解决
调解	借助非法院或仲裁机构的专业人士、专家的调解
仲裁	借助仲裁机构的判定，属正式法律程序
诉讼	进入司法程序

5.5.4   建筑工程合同执行时的违约处理

建筑工程合同的违约责任是指建筑工程合同当事人不履行合同义务或者履行合同义务不符合约定时，依法产生的法律责任。违约责任基本上是一种财产责任。在当事人不履行合同义务时，应当向另一方给付一定金钱或财物。承担违约责任的主要目的在于填补合同一方当事人因另一方当事人的违约行为所遭受的损失。违约责任只能是合同一方当事人向另一方当事人承担的民事责任，非合同当事人之间一般不发生违约责任的请求与承担问题。违约责任的可约定性是合同自由原则的必然要求。

5.5.5   建筑工程合同执行时的注意事项

想要应对各种纠纷或者避免纠纷的发生，最好的办法就是成立合同管理机构，以尽量规范合同的执行。特别是对于大型的建筑工程来说，招标人、中标人应有专门的合同管理部门。合同管理部门应从事供应、施工、招标投标等合同的，从准备标书一直到合同执行结束全过程的管理工作。

根据合同性质的不同，招标人的合同管理部门应与技术部门、采购部门等各部门协作，采购部门和技术部门分别负责合同的商务和技术两大部分的管理工作；进度投资控制部门、公司审计部门、财务部门等分别根据公司程序规定的管理权限，参与标书的编写审查、潜在承包商的资格评定、招标投标、合同谈判、合同款支付、合同变更的确定和支付、承包商索赔处理、重大争议的处理，并分别从各自的职能角度对合同管理部门进行监督。

5.6　售后服务与项目验收

5.6.1　售后服务

中标人是要提供售后服务和质量保证的。招标人一般也会要求中标人提供质量保证金，或者在项目质保期过后才能结算全部的工程款项。中标人应提供合同中所承诺的售后服务和质量保证，除非发生不可抗力。不可抗力是指战争、严重火灾、洪水、台风、地震或其他双方认定的不可抗力事件。如果签约双方中任何一方由于不可抗力影响合同执行，发生不可抗力的一方应尽快将事故通知另一方。在此情况下，双方应通过友好协商尽快解决本合同的执行问题。

签约双方在履约期间若发生争执和分歧，应通过友好协商的方式解决，经协商不能达成协议时，可向合同签订地或招标人所在地的人民法院提起诉讼。在法院受理诉讼期间，双方应继续执行合同其余部分。

5.6.2　项目验收

合同执行完毕，中标人应提出项目验收要求。此时，招标人应组织有关技术专家和使用单位对合同的履约结果进行验收，以确定建筑工程项目是否符合合同约定的规格、技术、质量要求。验收结果不符合合同约定的，应当通知中标人在规定期限内达到合同约定的要求。验收结束后，各方代表应在验收报告上签署验收意见以作为支付工程款的必要条件。

验收时应严格按照《建筑工程施工质量验收统一标准》和招标文件中工程质量的要求去验收，不符合规定的，不予竣工验收。

项目验收合格后，中标人要向招标人递交有关合同管理的报表和报告，将相关资料、报告、手册、文件归档，保管或移交给招标人。

5.6.3 合同保证金的退回

对于一般的建筑工程，在发出中标通知书后、签订合同之前，招标人或招标代理机构会要求中标人交纳一笔钱作为质量保证金。如果中标人不能履行其在合同条款下任何一项义务而造成违约责任，则招标人有权用质量保证金补偿其任何直接损失。

有的招标文件规定，在投标单位确定中标后，其投标保证金自动转为履约保证金，不再另外提交履约保证金。在招标项目验收合格后，可以将履约保证金无息退还给中标人。

【案例5-2】项目概况：某工程项目经有关部门批准，采取公开招标的方式确定了中标单位并签订合同。

1. 该工程合同条款中的部分规定

1）由于设计未完成，承包范围内待实施的工程虽然性质明确，但工程量还难以确定，双方商定拟采用总价合同形式签订施工合同，以减少双方的风险。

2）施工单位按建设单位代表批准施工组织设计（或施工方案）组织施工，施工单位不承担因此引起的工期延误和费用增加的责任。

3）甲方向施工单位提供场地的工程地质和地下主要管网线路资料，供施工单位参考使用。

4）施工单位不能将工程转包，但允许分包，也允许分包单位将分包的工程再次分包给其他施工单位。

2. 工期规定

在招标文件中，按工程额计算，该工程工期为568天。但在施工合同中，双方约定：开工日期为2015年12月15日，竣工日期为2017年7月25日，日历天数为586天。

3. 施工中出现的情况

1）工程进行到第6个月时，国务院有关部门发出通知，指令压缩国家基建投资，要求某些建设项目暂停施工。该工程项目属于指令停工下马项目，因此发包人向承包商提出暂时中止合同实施的通知。承包商按要求暂停施工。

2）复工后在工程后期，工地遭遇当地台风袭击，工程被迫暂停施工，部分已完工程受损，现场场地遭到破坏，最终使工期拖延2个月。

问题：

1. 该工程合同条款中约定的总价合同形式是否恰当？并说明原因。

2. 该工程合同条款中除总价合同形式的约定外，还有哪些条款存在不妥之处？请指出并说明理由。

3. 本工程的合同工期应为多少天？为什么？

4. 在工程实施过程中，国务院通知和台风袭击引起的暂停施工问题应如何处理？

【案例分析】

1. 该工程合同条款中约定采用总价合同形式不恰当。因为项目工程量难以确定，双方风险较大，故不应采用总价合同。

2. 该合同条款中存在的不妥之处和理由如下：

"建设单位提供场地的工程地质和地下主要管网线路资料供施工单位参考使用"是不妥的。建设单位要向施工单位提供保证真实、准确的工程地质和地下主要管网线路资料，作为施工单位现场施工的依据。

"允许分包单位将分包的工程再次分包给其他施工单位"也是不妥的。我国《招标投标法》规定，禁止分包单位将分包的工程再次分包。

3. 本工程的合同工期应为 586 天。因为根据施工合同文件的解释顺序，协议条款应优先于招标文件来解释施工中的矛盾。

4. 由于国家指令性计划有重大修改或政策上原因强制工程停工，造成合同的执行暂时中止，属于法律上、事实上不能履行合同的除外责任，这不属于业主违约和单方面中止合同，故业主不承担违约责任和经济损失赔偿责任。对不可抗力的暂时停工的处理：承包商因遭遇不可抗力被迫停工，根据法律规定可以不向业主承担工期拖延的经济责任，业主应给予工期顺延，并承担相应的经济损失。

【案例 5-3】某建设项目甲方于某年 11 月 10 日分别与某建筑工程公司（乙方）和某装饰装修工程公司（丙方）签订了主体建筑工程施工合同和装饰工程施工合同。合同约定主体建筑工程施工于当年 2 月 10 日正式开工。合同日历工期为 2 年 5 个月。因主体工程与装饰工程分别为两个独立的合同，由两个承包商承建，为保证工期，当事人约定：主体建筑工程与装饰工程采取立体交叉作业，即主体完成三层后，装饰工程承包者立即进入装饰作业。为保证装饰工程达到三星级水平，业主委托监理公司实施"装饰工程监理"。

在工程施工 1 年 9 个月时，甲方要求乙方将竣工日期提前 2 个月，双方协商修订施工方案后达成协议。该工程按变更后的合同工期竣工，虽然该工程因主体建筑工程施工质量不合格，装饰公司进行了返修，但建筑在甲方验收并签发竣工验收报告后投入使用。在长达 2 年多的时间里，甲方从未向乙方提出过工程存在质量问题。从签发竣工验收报告到起诉前，乙方多次以书面形式向甲方提出结算尚未支付的 200 万元工程款的要求，甲方均予拒绝。

在该工程投入使用 2 年 6 个月后，乙方因甲方少付工程款起诉至法院。请求法庭判决被告支付剩余的 200 万元及拖期的利息。

问题：

1. 原告、被告之间的合同是否有效？

2. 主体工程施工质量不合格时，业主应采取哪些正当措施？

3. 对于乙方因工程款纠纷的起诉和甲方因工程质量问题的起诉，法院应否予以保护？

4. 装饰装修合同执行中的索赔，是否对乙方具有约束力？

【案例分析】

1. 合同双方当事人符合建设工程施工合同主体资格的要求，并且合同订立形式与内容均合法，所以原告、被告之间的合同有效。

2. 根据《建设工程质量管理条例》的规定，主体工程保修期为设计文件规定的该工程合理使用年限。在保修期内发生质量问题的，业主应及时通知承包商进行修理。承包商在接到修理通知 7 日内派人修理。承包商不在约定期限内派人修理，业主可委托其他人员修理，保修费用从质量保修金中扣除。

3. 根据我国《民法典》的规定，向人民法院请求保护民事权利的诉讼时效期为 3 年，自当事人知道或应当知道权利被侵害时起算。本案例中，业主在直至庭审前的 2 年多时间里，一直未就质量问题提出异议，但未超过诉讼时效，所以应予保护。而乙方自签发竣工验收报告后，多次以书面形式向甲方提出结算要求，其诉讼权利应予保护。

4. 本案例中，主体工程合同与装饰工程合同是两个分别独立的合同。如果确因主体工程质量不合格，装修商进行返修向甲方提出索赔，根据《建设工程施工合同（示范文本)》之规定，甲方应在索赔事件发生 28 天内向乙方发出索赔通知，否则乙方可不接受业主索赔要求。因此，本案例中装饰合同执行中的索赔对乙方无约束力。

第6章 EPC模式下的工程项目管理

本章知识导图

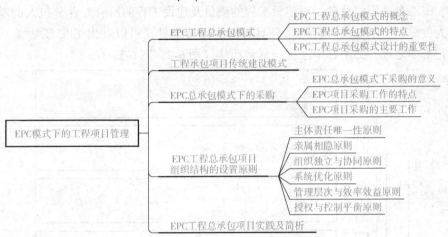

6.1 EPC 工程总承包模式

6.1.1 EPC 工程总承包模式的概念

EPC（Engineering Procurement and Construction）模式是指，由一家承包商或承包商联合体对整个工程的规划设计、采购、施工直至交付使用进行全过程总承包的承包模式。它侧重承包商的全过程参与性，如果承包商作为除业主外的主要责任方参与了整个工程的所有设计、采购与施工阶段，则属于 EPC 交钥匙模式，各方关系如图 6-1 所示。

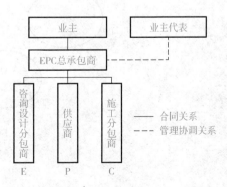

图 6-1　EPC 交钥匙总承包模式各方关系示意图

6.1.2 EPC 工程总承包模式的特点

该建设模式不需要等工程设计完成后才开始选择施工单位，业主的建设意向或设计方案基本确定后，即可委托给 EPC 单位来实施，有利于加快项目建设进度，有利于控制项目投资，能够充分发挥总承包商的集成管理优势，最大限度地实现 E、P、C 各个环节的衔接，高效率、低成本、优质安全地实现建设目标。

该模式的合同关系简单，EPC 总承包项目的总承包人对建设工程的设计、采购、施工全过程负总责，对建设工程的质量及建设工程的所有专业分包人的履约行为负总责。EPC 主要合同条件具有不少独特之处，可以看出 EPC 工程总承包商是重中之重，必须好中选优、择善而从（图 6-2、图 6-3）。

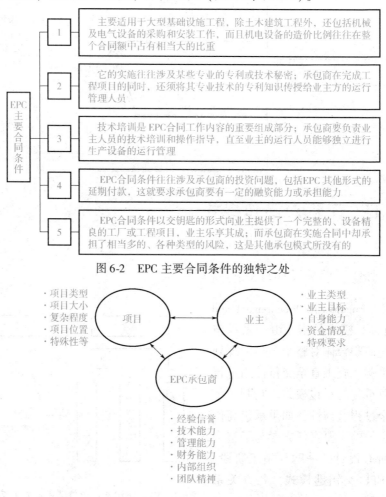

图 6-2　EPC 主要合同条件的独特之处

图 6-3　工程项目、业主与 EPC 总承包商的关系示意图

6.1.3　EPC 工程总承包模式设计的重要性

　　EPC 工程总承包模式中，设计工作直接影响项目使用功能、项目投资、项目建设进度以及现场施工的便利性和可行性。

　　虽然设计费在工程总承包中的比重很小（一般在 3%～5%），但设计方案的经济性直接决定了项目投资和后续项目施工工期的情况。

　　约 60% 的工程费用是通过设计所确定的工作量来确定的，故工程设计成果直接影响着项目投资，如果 EPC 合同中对设计技术变更进行索赔限制，将加大 EPC 承包商的风险，也对设计提出了更高的要求。

6.2　工程承包项目传统建设模式

　　此类模式又称"设计—招标—施工（DBB）"模式。该模式的工作流程为，业主在工程项目立项后，招聘一个设计单位完成该项目的设计，而后依据设计图纸进行施工招标，最终在驻地工程师的监督管理协调下，由施工总承包商具体完成全部的项目建造。

　　DBB 模式下，业主分别同设计单位和施工单位签订设计合同与施工合同。这种模式在欧美等国已采用百年以上，广泛用于工程建设领域。无论是业主还是承包商、咨询公司以及工程项目参与单位，都比较熟悉操作，故称传统建设模式。它可以将工程建设项目划分为若干独立段来组织实施，因此亦称分体模式。该模式的优、缺点如表 6-1 所示。

表 6-1　工程承包项目（DBB）模式的优、缺点比较

优点	缺点
这类模式的应用时间悠久，为设计单位和施工单位所熟悉，其管理程序为工程项目参与各方所掌握，合同范本及其管理方法各方运用自如	线性工作流程使工程项目的建造周期相对比较长
业主对设计的要求和控制较为容易，可以做到直接监控、一步到位	项目合同相对比较多，增加了业主方的管理负担
招标工作流程简明易行，全部完成设计后再进行施工招标，比较干净利落	实施过程中，一旦出现质量事故隐患，设计方和施工方往往会寻找种种借口推诿责任面，不易处理
业主方分别与设计单位和施工单位签订设计合同和施工合同，减少许多漏洞，利多弊少	工程项目实施过程中，协调管理会出现比较麻烦的情况

（续）

优点	缺点
工程项目组织实施简单明了	出现大大小小问题时，互相推诿扯皮的情形时有发生

传统建设模式下的各方关系如图 6-4 所示。

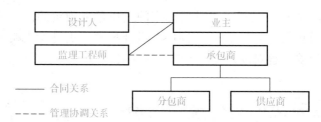

图 6-4　传统建设模式各方关系示意图

EPC 总承包项目的管理模式与传统管理模式的比较如图 6-5 所示。

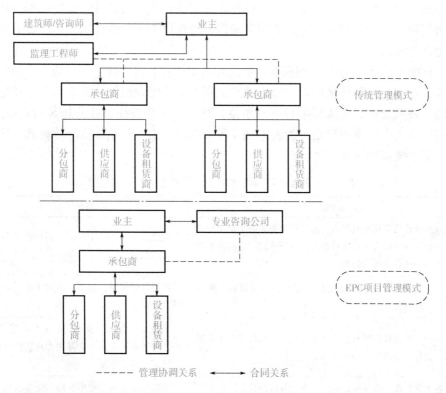

图 6-5　EPC 项目管理模式与传统管理模式比较

6.3　EPC 总承包模式下的采购

6.3.1　EPC 总承包模式下采购的意义

EPC 总承包模式下的设计、采购和施工之间的逻辑关系如图 6-6 所示。

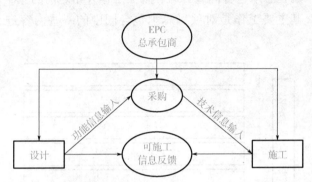

图 6-6　设计、采购和施工之间的逻辑关系

EPC 总承包模式下采购管理的价值：

1）物资采购支出一般占工程造价的 80% 以上。

2）总承包商的成本基本上都要通过采购支付出去，所以主体设计确定后，整个项目赢利的多少取决于采购管理的水平。

6.3.2　EPC 项目采购工作的特点

1. 采购对象的定制性

每个 EPC 项目都有各自的要求和条件，设计方案具有定制性，设备和材料的选择与技术规范要求具有特定性。

2. 供应商的多样性、广泛性和定向性

1）业主各有其合格供应商名录。

2）公司项目分布于世界不同的地区和国家。

3）特定的设计条件下，供应商的选择有一定程度的定向性。

3. 工期和成本控制的严格性

1）EPC 合同一般为固定总价合同，项目工期相对更短。

2）工期和成本将直接决定项目的效益。

4. 责任主体的单一性

EPC 总承包模式下的总承包商，要对项目业主承担合同规定的所有管理和执行责任，而其他承包模式中，一般由不同的主体分别对项目业主承担各自范围内的责任。

6.3.3 EPC 项目采购的主要工作

项目初期采购是总承包合同签订后，采买工作开始之前的一个阶段，也称为采购准备阶段，其主要工作是对项目总承包合同中的一些内容进行研究和分析（图 6-7）。

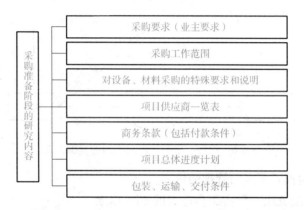

图 6-7 采购准备阶段的研究内容

这项工作的目的，主要是为项目的开展配备采购人员，确定适合项目的采购程序和采购标准表格，制订详细的项目采购计划以及确定各个阶段的采购工作方针。

项目采购经理应亲自完成以下工作（图 6-8）。

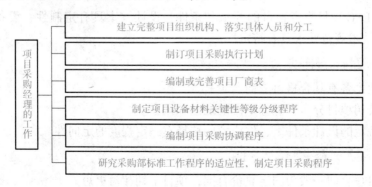

图 6-8 项目采购经理的工作

6.4　EPC 工程总承包项目组织结构的设置原则

6.4.1　主体责任唯一性原则

每一个参与组织，对于每一个项目管理要素，只允许有唯一的主体责任人。存在两个或两个以上的主体责任人时，如果其中一人不作为，就会造成职责不清，责任不明，相互扯皮现象。因此，应对该项目管理要素进一步细化，或者归集，直到有唯一的主体责任人。

6.4.2　亲属相隐原则

亲属相隐是指一个组织内部（如设计、施工单位等）希望传递对该组织有利信息，避免传递对该组织不利信息的现象。复杂项目管理策划时，应承认这一客观现象，信息是项目管理的基础和前提，项目管理要素重组应保证信息传递对该组织有利，避免产生信息传递断链，当不能保证时，应设置独立的组织，保证项目有效运行（图6-9）。

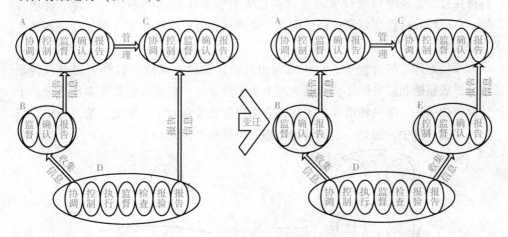

图 6-9　亲属相隐原则

根据控制依权、监督依势的管理原则，如果行政上存在上下级管理关系，行政隶属之势往往大于合同授权之势，在授予合同监督权与控制权时，应考虑到行政隶属关系，避免亲属相隐现象（图6-10）。

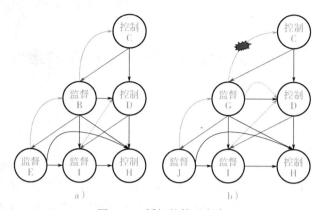

图 6-10　授权的管理方案

a) 正确的授权管理方案　b) 存在亲属相隐现象，授权不正确

6.4.3　组织独立与协同原则

组织独立是项目管理过程中保证信息有效传递的重要条件，同一项目不同参与组织之间的职责重叠会阻碍信息的有效传递，降低组织的效率与效益，这也是项目管理过程中产生冲突的原因之一。

组织之间职责重叠的原因主要有三个：一是项目管理策划不合理，使组织不具备独性；二是项目管理要素主体责任人对管理体系理解不到位，为了管理方便，自行对项目管理要素进行重组；三是项目管理要素组合不合理，存在事实上的职责交叉。

项目管理实施过程中，组织之间出现协同效应，促使项目管理要素自行重组，形成新的利益共同体，导致组织失去了独立性，造成项目管理系统失效。上述原因的第一、第三种情况必须在复杂项目管理策划时予以解决，第二种情况可以在实施过程中，通过一定的管理措施予以解决（图 6-11）。

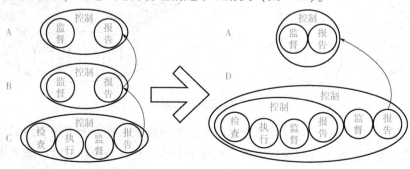

图 6-11　组织独立与协同原则

6.4.4　系统优化原则

项目管理要素系统优化的方法是，各组织中项目管理要素的共有特征或系统共性管理要素由一个组织统一进行策划，其他参与组织按其规定执行。针对过程动态管理要素、过程系统管理要素和系统共性管理要素的具体系统优化方法如下：

1）过程动态管理要素系统优化的方法是，将过程动态管理要素涉及的共有特征，如工作范围、履行职责、管理界面、执行程序和作业要求等，按照系统化、程序化、标准化和模板化要求，统一进行策划，其他参与组织按照统一规定实施一体化管理，达到系统优化，避免同一项目各参与组织之间管理不统一、衔接不顺畅，造成工作节奏混乱。

2）过程系统管理要素系统优化的方法是，对过程系统管理要素涉及的信息流向和标准格式进行系统策划与设计，其他参与组织按照统一规定的信息流向和标准格式进行管理。

过程系统管理要素的优化为项目信息化管理设计提供了基础，大型复杂项目在管理过程中会产生大量的信息，统一的信息处理平台和标准信息收集格式可以使项目管理信息以最快的速度展现在各级决策者眼中，改善项目管理工作方法，提高系统效率与效益。

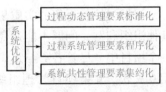

图 6-12　系统优化

3）系统共性管理要素系统优化的方法是，各组织中的共性管理要素由一个组织统一组织实施，以节约其他组织的资源，提高系统效率与效益（图 6-12）。

6.4.5　管理层次与效率效益原则

1）一个项目在决策权力与任务内容的分解过程中形成了各种组织，不同组织之间通过一定对应关系建立联系，组织之间管理与被管理的关系形成了管理层次，管理者称为上层，被管理者称为下层，管理层与管理层之间的界面为管理界面。

2）大型复杂项目的不同组织之间存在各种对应关系，建立了错综复杂的联系，出现了各种类型的管理层和管理界面。

3）一个项目的管理层次应由整个项目的管理效率与效益决定，管理层次过多或过少，都会妨碍信息流通，降低管理效率与效益。项目管理层次的划分应以使整个系统的管理效率与效益最大化为目的，避免局部利益影响整体的效率与效益（图 6-13）。

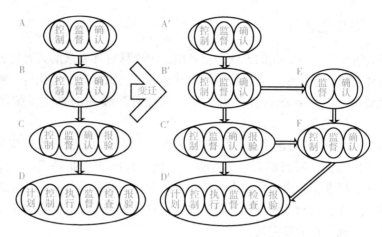

图 6-13　管理层次与效率效益原则

6.4.6　授权与控制平衡原则

授权与控制平衡的实质是，避免复杂项目的各管理组织因局部组织利益牺牲其他组织利益，问题不能避免时，应通过系统平衡，使其对整个组织影响最小。一个项目中，尽管各参与组织彼此独立、利益独立，但从整体而言，各方利益又相互关联。复杂项目管理组织之间应采用授权与控制平衡原则，策划组织之间责、权、利的制约关系。合适的管理方式可以实现系统效率与效益的最优化，实现风险共当，达到节约资源、获得利益的目的。

6.5　EPC 工程总承包项目实践及简析

【案例 6-1】　工程简介：印度 JBF 公司年产 18 万吨聚酯工程是我国某院在海外承接的第一套总承包聚酯工程，在此项目之前，该院已在国内以总承包的形式顺利完成了几十套类似的装置，在工程设计、采购、施工安装和调试开车等方面积累了丰富的经验。

为了成为国际性的工程公司，实现可持续发展，该院早在 2001 年就为进入国际聚酯工程总承包市场进行了大量的准备工作，并按照"走出去、请进来"的工作模式，同国外客户进行过多方面的交流。

2014 年 5 月，经过在中印两地多轮艰苦的合同谈判，印度 JBF 公司终于与该院签订了年产 18 万吨聚酯工程总承包合同。该工程位于印度古吉拉特邦的工业开发区内，在孟买北部约 180km 处。

合同约定该院提供聚酯专有技术、专有设备和其他关键设备，负责主要生产装置和辅助生产装置的基础设计和详细设计，承担工程安装、调试和开车指导，并对装置产量、产品质量、原材料及公用工程消耗提供保证。

2014 年 9 月 13 日，该院收到预付款后合同正式生效。2015 年 6 月初设计全部完成，2015 年 9 月开始设备安装，2016 年 3 月投料开车成功。投产后装置的产品质量和消耗指标均达到世界一流水平，业主也取得了良好的经济效益，因此又陆续与该院签订了二期年产 30 万吨和三期年产 20 万吨两个聚酯工程总承包合同。

该项目是该院的第一套海外总承包聚酯工程，也是我国具有自主知识产权的大容量聚酯技术首次输出到国外，进入原来由国外公司垄断的国际市场。项目的成功在印度以及南亚、东南亚和中东地区其他国家带来了很大的影响力和示范效应。该院对此项目格外重视，在项目实施的过程中采取了一系列有力措施，确保了项目的成功实施。

【案例分析】实施由项目经理全面负责的项目管理机制：工程总承包合同签订后，即任命了有丰富工程经验的技术人员为项目经理，实施项目经理全面负责制，与项目经理签订了《工程承包项目管理目标责任书》。明确了项目的工期目标为 18 个月建成投产，下达控制指标的费控目标，达到优秀承包项目的质量目标等，同时还明确了项目经理的责任、权限和利益。这是实施好该项目成功的关键点之一。

该项目采用 4 种措施进行费用控制：1）限额设计，按合同价格分解到各专业。2）设备选型好、中择佳。3）控制费用基准。这是一条创举，依据合同分项价，结合类似设备的采购价格、供货商的报价和市场价格走势，扣除一定的不可预见风险费用后，确定费用控制计划表，作为采购部门进行商务谈判的控制基准。批准之后一般不能改变，超标项要由专人进行审查并由费控工程师重新核准。4）减少项目团队管理人员数量，有效保证了 EPC 工程总承包合同的价格控制。

按 EPC 工程总承包合同条件的要求，真抓实干，严格抓紧抓好设计、采购施工、试运行过程中的进度管理和质量管理。这是确保该项目顺利进行和取得成功的又一关键点。双方紧密配合、凝聚力量、互相支持，实现了早日成功开车并达到双赢的目标。此例，恰似运用了曾国藩的手段和哈佛大学的规则，曾氏在处理事件时，明察秋毫，一码是一码，绝不马马虎虎、草草了事。而哈佛大学的理念是：让校规看守哈佛，比用其他东西看守哈佛更安全有效。一个是晚清重臣，一个是世界名校，二者看似风马牛不相及，但对比起来，可清晰地看到曾氏治军靠的是纪律，哈佛治校靠的是规则。圆满完成 EPC 工程总承包，何尝不是这样呢？

第7章　建筑工程招标投标的监管、投诉、违法责任与处理

本章知识导图

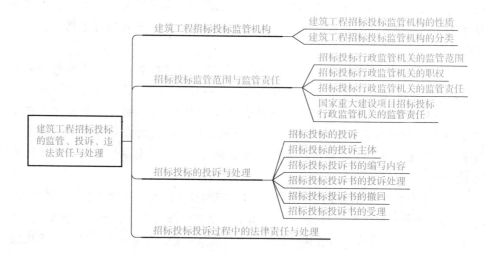

7.1　建筑工程招标投标监管机构

　　建设工程招标投标涉及各行业和各部门，如果各部门、地区和行业彼此割据封锁，定会使建设市场混乱无序，无从管理。为了维护建筑市场的统一性、竞争有序性和开放性，国家明确指定了一个统一归口的建设行政主管部门，即住房和城乡建设部，它是全国最高的招标投标管理机构。在住房和城乡建设部的统一监管下，省、市、县三级建设行政主管部门对所辖行政区内的建设工程招标投标实行分级管理。

7.1.1　建筑工程招标投标监管机构的性质

　　从机构设置、人员编制来看，各级建设工程行政招标投标监管机构的性质通

常都是代表政府行使行政监管职能的事业单位。建设行政主管部门与建设工程招标投标监管机构之间是领导与被领导关系。省、市、县（市）招标投标监管机构的上级与下级之间有业务上的指导和监管关系。需要指出的是，工程招标投标监管机构必须与建设工程交易中心和工程招标代理机构实行机构分设，职能分离。

7.1.2　建筑工程招标投标监管机构的分类

建筑工程招标投标监管机构可以分为以下几项（图7-1）。

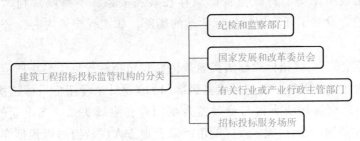

图7-1　建筑工程招标投标监管机构的分类

1. 纪检和监察部门

《招标投标法实施条例》中规定：财政部门依法对实行招标投标的政府采购工程建设项目的政府采购政策执行情况实施监督。监察机关依法对与招标投标活动有关的监察对象实施监察。

依法必须进行招标的项目的招标投标活动，如果违反了《招标投标法》和《招标投标法实施条例》中的规定，对中标结果造成实质性影响，且不能采取补救措施予以纠正的，招标、投标、中标无效，应当依法重新招标。

2. 国家发展和改革委员会

国家发展和改革委员会指导和协调全国的投标工作，会同有关行政主管部门拟定《招标投标法》配套法规、综合性政策、必须进行招标的项目的具体范围、规模标准，以及不适宜进行招标的项目的标准，指定发布招标公告的报刊、信息网络或其他媒介，负责组织国家重大建设项目稽查特派员，对国家重大建设项目建设过程中的工程招标投标进行监督检查。

3. 有关行业或产业行政主管部门

经贸（商务）、水利、交通、铁道、民航、信息产业等行政主管部门，分别对相应的行业和产业项目的招标投标过程（包括招标、投标、开标、中标）中发生的泄露保密资料、泄露标底、串通招标、串通投标、歧视排斥投标等违法活动进行监督执法。建设部主要对各类房屋建筑及其附属设施的建造，与其配套的线路、管道、设备的安装项目和市政工程项目的招标投标活动进行监督执法。进口机电设备采购项目的招标投标活动的监督执法，由外经贸行政主管部门负责。

4. 招标投标服务场所

《招标投标法实施条例》中规定：设区的市级以上地方人民政府可以根据实际需要，建立统一规范的招标投标交易场所，为招标投标活动提供服务。招标投标交易场所不得与行政监督部门存在隶属关系，不得以营利为目的。目前，一些地方设立了开展招标投标活动的场所，如工程交易中心、公共资源交易中心等。

在功能定位上，《招标投标法实施条例》规定招标投标交易场所应立足于为招标投标活动提供服务。在与行政监督部门的关系上，《招标投标法实施条例》规定招标投标交易场所不得与行政监督部门存在隶属关系。在设立的层级上，《招标投标法实施条例》规定设区的市级以上地方人民政府可以根据实际需要建立统一规范的招标投标交易场所。同时，《招标投标法实施条例》规定招标投标交易场所不得以营利为目的。

7.2　招标投标监管范围与监管责任

7.2.1　招标投标行政监管机关的监管范围

国家有关行政监督部门和地方人民政府所属部门，按照国家有关规定需要履行项目审批、核准手续的，依法审核招标项目。这些建筑工程项目的招标范围、招标方式、招标组织形式应当按投资规模的大小和性质报项目审批和核准部门审批和核准，一般报国家发展和改革委员会或地方发展和改革部门审核和核准，其他项目由招标人申请有关行政监督部门做出认定。

7.2.2　招标投标行政监管机关的职权

建设工程招标投标行政监管机关的职权包括承担具体的建设工程招标投标管理工作的职责和在招标投标管理活动中享有可以自己的名义行使的管理职权。这些职权包括以下内容（表7-1）。

表 7-1　招标投标行政监管机关的职权内容

招标投标行政监管机关的职权内容	办理建设工程项目报建登记
	审查发放招标组织资质证书、招标代理人及标底编制单位的资质证书
	接受招标人申报的招标申请书，并对招标工程应当具备的招标条件、招标人的招标资质或招标代理人的招标代理资质、采用的招标方式进行审查认定
	接受招标人申报的招标文件，对招标文件进行审查认定，对招标人变更后的招标文件进行审批
	对投标人的投标资质进行复查
	对标底进行审定。可以直接审定，也可以将标底委托给其他有能力的单位审核后再审定
	对评标定标办法进行审查认定，对招标投标活动进行全过程监督，对开标、评标、定标活动进行现场监督
	核发或者与招标人联合发出中标通知书
	审查合同草案，监督承发包合同的签订和履行
	调解招标人和投标人在招标投标活动中或履行合同过程中发生的纠纷
	查处建设工程招标投标的违法行为，依法接受委托，对违法行为实施相应的行政处罚

7.2.3　招标投标行政监管机关的监管责任

各级建设行政主管部门作为本行政区域内建设工程招标投标工作的统一归口监督管理部门，其主要职责如下：

1）从指导全社会的建筑活动，规范整个建筑市场，发展建筑产业的高度，研究制定有关建设工程招标投标的发展战略、规划、行业规范和相关方针、政策、行为规则、标准和监管措施，组织宣传、贯彻有关建设工程招标投标的法律、法规、规章，进行执法检查监督。

2）指导、监督、检查和协调本行政区域内建设工程的招标投标活动，总结、交流经验，提供高效率、规范化的服务。

3）负责对当事人的招标投标资质、工程投标代理机构的资质和有关专业技术人员的执业资格进行监督，开展招标投标管理人员的岗位培训。

4）会同有关专业主管部门及其直属单位办理有关专业工程招标投标事宜。

5）调解建设工程招标投标纠纷，查处建设工程招标投标中的违法、违规行为，否决违反招标投标规定的定标结果。

7.2.4　国家重大建设项目招标投标行政监管机关的监管责任

该监管机关由国务院授权，发改委负责组织国家重大建设项目监管机关对国家重大建设项目的招标投标活动进行监督检查。在对国家重大建设项目的招标投标活动进行监督检查的过程中应当履行下列职责：

1）监督检查招标投标当事人和其他行政监督部门有关招标投标的行为是否符合法律、法规规定的权限、程序。

2）监督检查招标投标的有关文件、资料，对其合法性、真实性进行核实。

3）监督检查资格预审、开标、评标、定标的过程是否合法，以及是否符合招标文件、资格审查文件的规定，并可对其进行相关的调查核实。

4）监督检查招标投标结果的执行情况。

监管机关可以采取下列方式对招标投标活动进行监督检查（表7-2）。

表7-2　监督检查招标投标活动的方式

监督检查招标投标活动的方式	检查项目审批程序、资金拨付等的资料和文件
	检查招标公告、投标邀请书、招标文件、投标文件，核查投标单位的资质等级和资信等情况
	监督开标、评标，并可以旁听与招标投标事项有关的重要会议
	向招标人、投标人、招标代理机构、有关行政主管部门、招标公正机构调查了解情况，听取意见
	审阅招标投标情况报告、合同及其有关文件
	现场查验、调查、核实招标结果执行情况

7.3　招标投标的投诉与处理

7.3.1　招标投标的投诉

招标投标的投诉是指投标人和其他利害关系人认为招标投标活动不符合法律、法规和规章规定，依法向有关行政监督部门提出意见并要求相关主体改正的行为。建立招标投诉制度的目的是为了保护国家利益、社会公共利益和招标投标当事人的合法权益，公平、公正地处理招标投诉的基本要求。《招标投标法》中规定：投标人和其他利害关系人认为招标投标活动不符合本法有关规定的，有权向招标人提出异议或者依法向有关行政监督部门投诉。

7.3.2　招标投标的投诉主体

投标人和其他利害关系人认为招标投标活动不符合法律、法规和规章规定的，有权依法向有关行政监督部门投诉。其他利害关系人是指投标人以外的、与招标项目或者招标活动有直接或间接利益关系的法人、其他组织和个人。

投诉人应当在知道或者应当知道其权益受到侵害之日起 10 日内提出书面投诉。投诉人可以直接投诉，也可以委托代理人办理投诉事务。代理人办理投诉事务时，应将授权委托书连同投诉书一并提交给行政监督部门。授权委托书应当明确有关委托代理权限和事项。

7.3.3　招标投标投诉书的编写内容

《工程建设项目招标投标活动投诉处理办法》第 7 条规定：投诉人投诉时，应当提交投诉书。投诉书包括的内容见表7-3。

表 7-3　投诉书包括的内容

投诉书包括的内容	投诉人的名称、地址及有效联系方式
	被投诉人的名称、地址及有效联系方式
	投诉事项的基本事实
	相关请求及主张
	有效线索和相关证明材料

投诉人是法人的，投诉书必须由其法定代表人或者授权代表签字并盖章。其他组织或者个人投诉的，投诉书必须由其主要负责人或者投诉人本人签字，并附上有效的身份证明复印件。投诉书有关材料是外文的，投诉人应当同时提供其中文译本。

7.3.4　招标投标投诉书的投诉处理

招标投标投诉的受理人是招标投标的行政监督部门。各级发展改革、建设、水利、交通、铁道、民航、工业与信息产业（通信、电子）等招标投标活动行政监督部门，依照国务院和地方各级人民政府规定的职责分工，受理投诉并依法做出处理决定。对国家重大建设项目（含工业项目）招标投标活动的投诉，由国家发展和改革委员会受理并依法做出处理决定。对国家重大建设项目招标投标活动的投诉，有关行业行政监督部门已经受理的，应当通报国家发展和改革委员会，国家发展和改革委员会不再受理。

投诉人就同一事项向两个以上有权受理的行政监督部门投诉的，由最先收到投诉的行政监督部门负责处理。行政监督部门收到投诉书后，应当在5个工作日内进行审查，视情况分别做出以下处理决定：

1）不符合投诉处理条件的，决定不予受理，并将不予受理的理由书面告知投诉人。

2）对符合投诉处理条件，但不属于本部门受理的投诉，书面告知投诉人向其他行政监督部门提出投诉。

3）对于符合投诉处理条件并决定受理的，收到投诉书之日即为正式受理。

有下列情形之一的投诉，不予受理，共有7种情况（表7-4）。

表7-4　招标投标投诉书的投诉不予受理的情形

招标投标投诉书的投诉不予受理的情形	投诉人不是所投诉招标投标活动的参与者，或者与投诉项目无任何利害关系
	投诉事项不具体，且未提供有效线索，难以查证的
	投诉书未标明投诉人真实姓名、签字和有效联系方式的
	以法人名义投诉的，投诉书未经法定代表人签字并加盖公章的
	超过投诉时效的
	已经做出处理决定，并且投诉人没有提出新的证据的
	投诉事项已进入行政复议或者行政诉讼程序的

行政监督部门负责投诉处理的工作人员，有下列情形之一的，应当主动回避（表7-5）。

表7-5　负责投诉处理的工作人员主动回避的情形

负责投诉处理的工作人员主动回避的情形	近亲属是被投诉人、投诉人，或者是被投诉人、投诉人的主要负责人
	在近三年内本人曾经在被投诉人单位担任高级管理职务
	与被投诉人、投诉人有其他利害关系，可能影响对投诉事项公正处理的

调查取证是对投诉进行处理的基础，行政监督部门在进行调查取证时，应当正确行使下列权力：

1）调取、查阅有关文件。行政监督部门受理投诉后，应当调取、查阅有关文件，调查、核实有关情况。对情况复杂、涉及面广的重大投诉事项，有权受理投诉的行政监督部门可以会同其他有关的行政监督部门进行联合调查。

2）询问相关人员。行政监督部门可以对相关人员进行询问，但应当由两名以上行政执法人员进行，并做笔录，交被调查人签字确认。

3）听取被投诉人的陈述和申辩。在投诉处理过程中，行政监督部门应当听取被投诉人的陈述和申辩，必要时可通知投诉人和被投诉人进行质证。

4）遵守保密规定。行政监督部门负责处理投诉的人员应当严格遵守保密规定，对于在投诉处理过程中所接触到的国家秘密、商业秘密应当予以保密，也不得将投诉事项透露给与投诉无关的其他单位和个人。

5）相关人员的配合义务。对行政监督部门依法进行的调查，投诉人、被投诉人以及评标委员会成员等与投诉事项有关的当事人应当予以配合，如实提供有关资料及情况，不得拒绝、隐匿或者伪报。

7.3.5　招标投标投诉书的撤回

《工程建设项目招标投标活动投诉处理办法》中规定：投诉处理决定做出前，投诉人要求撤回投诉的，应当以书面形式提出并说明理由，由行政监督部门视情况决定是否准予撤回。

1）已经查实有明显违法行为的，应当不准撤回，并继续调查直至做出处理决定。

2）撤回投诉不损害国家利益、社会公共利益或者其他当事人合法权益的，应当准予撤回，投诉处理过程终止。投诉人不得以同一事实和理由再提出投诉。

7.3.6　招标投标投诉书的受理

行政监督部门应当自收到投诉之日起 3 个工作日内决定是否受理投诉，并自受理投诉之日起 30 个工作日内做出书面处理决定，需要检验、检测、鉴定、专家评审的，所需时间不计算在内。

投诉人捏造事实、伪造材料或者以非法手段取得证明材料进行投诉的，行政监督部门应当予以驳回。

投诉处理决定应当包括下列内容（表 7-6）。

表 7-6　投诉处理决定包括的内容

投诉处理决定 包括的内容	投诉人和被投诉人的名称、住址
	投诉人的投诉事项及主张
	被投诉人的答辩及请求
	调查认定的基本事实
	行政监督部门的处理意见及依据

行政监督部门应当建立投诉处理档案，并做好保存和管理工作，接受有关方面的监督检查。当事人对行政监督部门的投诉处理决定不服或者行政监督部门逾期未做处理的，可以依法申请行政复议或者向人民法院提起行政诉讼。行政监督部门在投诉处理中需要的费用，全部由财政支出，行政监督部门在处理投诉过程

中，不得向投诉人和被投诉人收取任何费用。

7.4 招标投标投诉过程中的法律责任与处理

1）行政监督部门在处理投诉过程中，发现被投诉人单位直接负责的主管人员和其他直接责任人员有违法、违规或者违纪行为的，应当建议其行政主管机关、纪检监察部门给予处分。情节严重构成犯罪的，移送司法机关处理。

2）招标代理机构有违法行为且情节严重的，依法暂停直至取消招标代理资格。

3）当事人对行政监督部门的投诉处理决定不服或者行政监督部门逾期未做处理的，可以依法申请行政复议或者向人民法院提起行政诉讼。

4）投诉人故意捏造事实、伪造证明材料的，属于虚假恶意投诉，由行政监督部门驳回投诉，并给予警告。情节严重的，可以并处一万元以下罚款。

5）行政监督部门工作人员在处理投诉的过程中徇私舞弊、滥用职权或者玩忽职守，对投诉人打击报复的，依法给予行政处分。构成犯罪的，依法追究刑事责任。

6）行政监督部门在处理投诉的过程中，不得向投诉人和被投诉人收取任何费用。

7）对于性质恶劣、情节严重的投诉事项，行政监督部门可以将投诉处理结果在有关媒体上公布，使其接受舆论和公众的监督。

【案例7-1】2017年1月1日，某行政监督部门收到投诉举报资料，反映某住宅工程电梯设备招标活动存在违规行为。2017年1月2日至7日，监督部门对此进行了调查，收集了相关资料，并对建设单位、招标代理单位进行了询问。

该次招标的电梯设备为载客电梯，共44台。据调查，该次招标首先由招标代理单位电话通知了10家单位报名，后经资格预审选出4家单位参加投标。2016年11月11日上午11时在市某大酒店进行开标、评标，评标委员会推荐的中标候选人是甲电梯有限公司、乙电梯有限公司，最后由建设单位确定乙电梯有限公司为中标人，中标价为2244万元。2016年12月12日，建设单位向乙电梯有限公司发出了中标通知书。

【案例分析】本案件是按规定应该公开招标却未公开招标的采购建筑工程设备案，这在招标投标类违法违规案件中具有一定的代表性。根据本案具体违法事实，最终认定了该招标行为属于无效招标，对建设单位及招标代理单位均进行了处罚，体现了法律的严肃性。

本案例中，该工程为住宅工程，电梯设备合同价有 2000 多万元，已属于应公开招标的范围。但实际该电梯设备招标未进市招标投标中心交易，未接受市建设工程招标办监督，属于无效招标。而招标代理单位作为专业的招标组织单位，应该熟知招标投标的相关法律法规，在明知该招标活动应该是公开招标的情况下，私自在某大酒店进行，未进市招标投标中心交易，未接受市建设工程招标办监督，显然是违法的招标行为。为此，依法对建设单位、招标代理单位进行了处理：

1）建设单位：根据《招标投标法》的规定，必须进行招标的项目而不招标的，责令限期改正，可以处项目合同金额 5‰以上、10‰以下的罚款。故应责令建设单位改正，对其予以行政罚款，且判定其招标无效。

2）招标代理单位：根据《招标投标法》，本案属于应当公开招标而不公开招标的情形，应予以行政罚款。

通过本案例可见，建设单位要加强建设市场法律法规的学习，熟知基本建设程序，尤其要注意对建设工程招标程序等环节的把握。同时，招标代理单位作为招标行为的执行者，要加强自律，严格遵守招标投标相关法律法规的规定，引导建设单位的招标行为走上合法途径。

第8章 建筑工程招标的代理与代理机构

本章知识导图

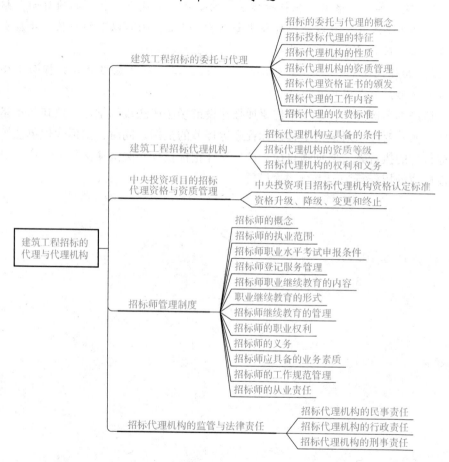

建筑工程招标的代理与代理机构

建筑工程招标的委托与代理
- 招标的委托与代理的概念
- 招标投标代理的特征
- 招标代理机构的性质
- 招标代理机构的资质管理
- 招标代理资格证书的颁发
- 招标代理的工作内容
- 招标代理的收费标准

建筑工程招标代理机构
- 招标代理机构应具备的条件
- 招标代理机构的资质等级
- 招标代理机构的权利和义务

中央投资项目的招标代理资格与资质管理
- 中央投资项目招标代理机构资格认定标准
- 资格升级、降级、变更和终止

招标师管理制度
- 招标师的概念
- 招标师的执业范围
- 招标师职业水平考试申报条件
- 招标师登记服务管理
- 招标师职业继续教育的内容
- 职业继续教育的形式
- 招标师继续教育的管理
- 招标师的职业权利
- 招标师的义务
- 招标师应具备的业务素质
- 招标师的工作规范管理
- 招标师的从业责任

招标代理机构的监管与法律责任
- 招标代理机构的民事责任
- 招标代理机构的行政责任
- 招标代理机构的刑事责任

8.1 建筑工程招标的委托与代理

8.1.1 招标的委托与代理的概念

一般来讲，招标人具有编制招标文件和组织评标的能力的，可以自行办理招标事宜。但在建筑工程的招标实践中，招标人往往没有足够的人力和物力，或者没有资格也没有评标专家库，为规避招标风险，招标人更倾向于将招标业务委托给招标代理机构。

招标人将建筑工程招标委托给代理机构时，应当与被委托的招标代理机构签订书面委托合同。招标代理机构一旦接受招标人的委托，就不得在所代理的招标项目中投标或者代理投标，也不得为所代理的招标项目的投标人提供咨询服务。

8.1.2　招标投标代理的特征

工程招标投标代理具有以下几个特征（表 8-1）。

表.8-1　工程招标投标代理的特征

工程招标投标代理的特征	工程项目招标投标代理人必须以被代理人的名义办理招标投标事务
	工程项目招标投标代理行为应在委托授权的范围内实施
	工程项目招标投标代理人应具有独立进行意思表示的职能
	工程项目招标投标代理行为的法律效果归属于被代理人

1）被代理人既可以是工程项目招标人，也可以是工程项目投标人；但同一个代理人不能同时在一个招标项目中既作招标人的代理人，又作投标人的代理人，也不能在一个招标项目中同时作两个或两个以上投标人的代理人。

2）工程项目招标投标代理在性质上是一种委托代理，即基于被代理人的委托授权而发生的代理。工程项目中介服务机构未经工程项目招标人或投标人的委托授权，不能进行招标代理或投标代理，否则就是无权代理。工程项目中介服务机构已经工程项目招标人或投标人委托授权的，不能超出委托授权的范围进行招标代理或投标代理，否则也是无权代理。

3）通过代理人的意思表示，工程项目招标投标活动才得以顺利进行。不以他人的名义，而以自己的名义进行的活动，如行纪、寄售等受托处分财产的行为，抵押权人处分抵押物，以第三人为受益人的合同，代位请求赔偿等，都不属于代理。

4）工程项目招标人或投标人作为被代理人，承受基于自己委托授权让代理人代替自己完成的具体招标投标事务的法律后果。工程项目招标投标代理行为法律效果的归属关系，也是区分工程项目招标投标代理中合法代理、无效代理、冒名欺诈、侵权行为等行为的重要标准和依据。

8.1.3 招标代理机构的性质

1. 工程招标代理机构是社会中介组织

1）工程招标代理机构是依法设立、从事招标代理业务并提供相关服务的社会中介组织。这是招标代理机构的基本性质。招标作为一种民事法律行为，如果招标人要求，可以由招标代理机构在招标活动中提供代理服务。

2）招标投标是一项具有高度组织性、规范性、制度性及专业性的活动。招标人需要具有比较系统的信息、专业化的运作水平、精确细致的策划，也需要科学的决策、周到的服务。

3）招标代理机构不是政府机构，不具有政府的行政职能。它从事的是社会服务性工作，应当具有相应的专业人员和办公条件，以自己的专业能力和专业水平为社会提供服务。

2. 工程招标代理机构提供的是代理服务

招标代理机构提供的是代理服务，这决定了它应当以委托人的名义进行招标活动，而不是以自己的名义进行，即招标的主体是委托人而不是招标代理机构。这一点很重要，它表明了招标代理机构的地位。在招标代理过程中，招标代理机构的行为应当符合我国有关代理制度的规定。招标代理机构应当维护招标人的合法利益，应当与招标人订立委托合同。委托合同中应当明确双方的权利义务，双方都应当按照委托合同的约定完成各自的工作。

3. 招标代理是一种自愿行为

委托人可以委托招标代理，也可以自行招标；招标代理机构可以接受委托人的委托，也可以根据客观条件拒绝委托。因此，招标代理行为是建立在委托人与招标代理机构双方完全自愿的基础上的。招标人委托招标代理机构代理招标，一般是在自己不具备相应条件时发生的，因此，与招标人（委托人）相比，招标代理机构具有更多的招标方面的知识和经验。在招标活动中，招标人应当充分尊重招标代理机构的有关决定。

8.1.4 招标代理机构的资质管理

1. 申请条件

建设工程招标代理机构申请招标代理资格时需要满足以下几个条件（表8-2）。

表 8-2　申请招标代理资格的条件

申请招标代理资格的条件	是依法设立的社会中介组织，其组织形式主要是公司和合伙企业，如招标代理公司、监理公司、招标代理合伙企业、招标代理中心、工程咨询中心等
	是自主经营、独立核算、自负盈亏的，与行政机关和其他国家机关没有行政隶属关系或者其他利益关系
	有能够编制招标文件和组织评标的相应专业力量
	有健全的组织机构和内部管理制度
	有从事招标代理业务的固定营业场所、相应资金和其他物质条件
	有可以作为评标组织成员人选的技术、经济等方面的专家库
	法律、行政法规规定的其他条件

2. 申请代理资格

建设工程招标代理机构应向建设行政主管部门（建设工程招标投标管理机构）提出申请，同时提交以下资料（表 8-3）。

表 8-3　申请代理资格的资料

申请代理资格的资料	工程招标代理机构资格申请报告
	工程招标代理机构章程以及内部管理规章制度
	企业法人营业执照
	工程招标代理机构资格申请表及电子文档
	专职人员身份证复印件、劳动合同，职称证书或工程建设类注册执业资格证书，社会保险缴费凭证以及人事档案代理证明
	评标专家库成员名单
	办公场所证明，主要办公设备清单
	出资证明及上一年度经审计的企业财务报告（含报表及说明，下同）
	法定代表人和技术经济负责人的任职文件、个人简历等材料，技术经济负责人还应提供从事工程管理经历证明
	法律、法规要求提供的其他有关资料

申请甲级、乙级工程招标代理机构资格的，还应当提供工程招标代理有效业绩证明（工程招标代理合同、中标通知书和招标人评价意见）。

工程招标代理机构应当对所提供资料的真实性负责。

3. 审查申报资料

1）建设行政主管部门接到建设工程招标代理机构提交的申报材料后，应进行初步审查、现场核查、提出合格者名单及组织专家评审等，并在此基础上形成审查处理意见。

2）申请甲级工程招标代理机构资格的，应当向机构工商注册所在地的省、自治区、直辖市人民政府建设主管部门提出申请。

省、自治区、直辖市人民政府建设主管部门应当自受理申请之日起20日内初审完毕，并将初审意见和申请材料报国务院建设主管部门。

3）经过严格审查和专家评审，应当向社会公开拟同意授予其招标代理资格等级的机构名单，在网站或其他媒体上予以公示。

4. 招标代理资格的议定

经过公示，无异议或虽有异议但查无实据的，建设行政主管部门应当正式认定申报单位符合招标代理资格的授予条件。

建设工程招标代理机构的招标代理资格，实行国家和省两级认定。具体认定权限和期限如下。

1）暂定代理资格由省、自治区、直辖市人民政府建设行政主管部门核准，报国务院建设行政主管部门认定，省、自治区、直辖市人民政府建设行政主管部门对暂定招标代理资格的核准，国务院建设行政主管部门对暂定招标代理资格的认定，分别参照对乙级、甲级招标代理资格的认定办法。

2）甲级代理资格按行政区划，由省、自治区、直辖市人民政府建设行政主管部门初审，报国务院建设行政主管部门认定，国务院建设行政主管部门对申报甲级招标代理资格的，实行定期集中认定，在申报材料齐全后，3个月内完成审核认定工作。

3）乙级代理资格由省、自治区、直辖市人民政府建设行政主管部门认定，省、自治区、直辖市人民政府建设行政主管部门对申报乙级招标代理资格的，实行即时认定或定期集中认定，原则上每年认定一批。

8.1.5 招标代理资格证书的颁发

1）对经确认合格的建设工程招标代理机构，应当发给相应的招标代理资格证书。

甲级招标代理资格，由住房和城乡建设部发给工程招标代理机构甲级资格证书；乙级招标代理资格，由省建设行政主管部门发给工程招标代理机构乙级资格证书；暂定级招标代理资格，经住房和城乡建设部确认并统一编号后，由省建设行政主管部门发给工程招标代理机构暂定级资格证书。

2）工程招标代理机构资格证书分为正本和副本，由国务院建设主管部门统一印制，正本和副本具有同等法律效力。

第 8 章　建筑工程招标的代理与代理机构

3）国家住房和城乡建设部在核发甲级招标代理资格证书后的 15 天内，将认定名单通知国家有关部门。省建设行政主管部门在核发乙级招标代理资格证书后的 1 个月内，将认定名单报住房和城乡建设部备案。

4）甲级、乙级工程招标代理机构的资格证书的有效期为 5 年，暂定级工程招标代理机构的资格证书的有效期为 3 年。

5）甲级、乙级工程招标代理机构的资格证书有效期届满，需要延续资格证书有效期的，应当在其工程招标代理机构资格证书有效期届满 60 日前，向原资格许可机关提出资格延续申请。

对于在资格有效期内遵守有关法律、法规、规章、技术标准，信用档案中无不良行为记录，且业绩、专职人员满足资格条件的甲级、乙级工程招标代理机构，经原资格许可机关同意，有效期延续 5 年。

6）暂定级工程招标代理机构的资格证书有效期届满，需继续从事工程招标代理业务的，应当重新申请暂定级工程招标代理机构资格。

8.1.6　招标代理的工作内容

建设工程招标代理机构可以参与工程招标代理的全过程，也可以参与部分招标活动，其具体工作内容如下。

1）招标咨询，提供招标方案，发布招标公告或发出投标邀请书，审查潜在投标人资格，组织或参加现场勘察，解答工程现场条件，代编招标文件，代编标底，负责答疑，组织或参加开标、评标，协助定标，代拟工程合同，进行招标总结等。

2）代理部分招标工作是指招标代理机构参与上述招标活动中的一项或数项事务，如只负责标有关事宜的咨询，或只代编招标文件或标底等。

8.1.7　招标代理的收费标准

招标代理服务实行谁委托谁付费的原则，但目前实际上由中标人付费给招标代理机构。招标人与招标代理机构签订委托合同，收费标准应在合同中约定。合同约定的收费标准应当符合国家有关规定。

货物、服务、工程招标代理服务收费差额费率：中标金额在 5 亿~10 亿元的为 0.035%，中标金额在 10 亿~50 亿元的为 0.008%，中标金额在 50 亿~100 亿元的为 0.006%，中标金额在 100 亿元以上的为 0.004%。工程一次招标（完成一次招标投标全流程）代理服务费最高限额为 450 万元，并按各标段中标金额比例计算各标段招标代理服务费。

8.2 建筑工程招标代理机构

8.2.1 招标代理机构应具备的条件

招标人没有条件进行自行招标的或虽有条件、但招标人不准备自行招标的，可以委托招标机构进行代理招标。招标人应当与被委托的招标代理机构签订书面委托合同，合同约定的收费标准应当符合国家有关规定。我国《招标投标法》规定，招标人有权自行选择招标代理机构。招标代理机构应当在招标人委托范围内办理招标事宜。

招标代理机构必须是依法设立、从事招标代理业务并提供相关服务的社会中介组织。《招标投标法》规定招标代理机构应当具备下列基本条件：

1）有从事招标代理业务的营业场所和相应资金。招标代理机构必须有自己的营业场所，这是其从事招标代理业务的需要，也是确定招标代理机构法律管辖的需要。招标代理机构作为从事经济活动的社会组织，在开展业务活动时必须要有相应的资金。招标代理机构应当具有的相应资金数额应当由有关行政监督部门在实践中具体掌握，不同类别的招标代理机构所需要的资金数额各不相同，而且该资金数额会随着经济的发展有所变化。

2）有能够编制招标文件和组织评标的相应专业力量。招标代理机构必须具有编制招标文件的能力。招标文件对整个招标活动具有十分重要的意义，可以说是整个招标投标活动的大纲。从招标公告到将要签订合同的格式和内容，都属于招标文件的范围。招标文件不仅规定了完整的招标程序，而且还提出了各种具体的技术标准和交易条件，要求愿意参加该项目投标的潜在投标人，按照既定标准参加投标，其投标必须具有对招标文件的响应性。招标代理机构接受招标人的委托从事招标代理业务，由于招标投标活动的专业性，招标代理机构需要组织评标、参加评标，所以招标代理机构应当具备组织评标的专业力量。

3）有符合《招标投标法》规定条件、可以作为评标委员会成员人选的技术、经济等方面的专家库；招标代理机构还应当有符合规定条件、可以作为评标委员会成员人选的技术、经济等方面的专家库。依法必须进行招标的项目，其评标委员会由招标人的代理和有关技术、经济方面的专家组成，总人数为5人以上的单数，其中技术、经济等方面的专家不得少于成员总数的2/3。技术、经济等方面的专家应当从事相关领域工作满8年并具有高级职称或者具有同等专业水平，由招标人从国务院有关部门或者省、自治区、直辖市人民政府有关部门提供的专家名册或者招标代理机构的专家库内的相关专业的专家名单中确定；一般招标项目可以采取随机抽取的方式，特殊的招标项目由招标人直接确定。

4）有健全的组织机构和内部管理的规章制度。招标代理机构应当拥有一定数量的、取得招标职业资格的专业人员。取得招标职业资格的具体办法由国务院人力资源社会保障部门会同国务院发展改革部门制定。招标代理机构与行政机关和其他国家机关不得存在隶属关系或者其他利益关系。

8.2.2　招标代理机构的资质等级

在我国从事招标代理业务的招标代理机构，必须依法取得相应的招标资质等级证书，并在其资质等级证书许可的范围内，开展相应的招标投标代理业务。招标代理机构的代理资格等级大致

图 8-1　工程招标代理机构的资质等级

可分为甲、乙两级；对于新成立的建设工程招标代理机构，因其工程招标代理业绩不可能满足甲、乙两级资质条件，故可以依据市场的需要设定一种过渡性的资格，即暂定资格，如图 8-1 所示。

1. 暂定代理资格

对新成立的建设工程招标代理机构，可不对其招标代理业绩提出要求，但应具备以下条件：

1）具有工程建设类执业注册资格或者中级以上专业技术职称的专职人员不少于 10 人，其中具有造价工程师执业资格人员不少于 2 人，具有工程建设类中级以上专业技术职称的人员不少于 6 人。

2）法定代表人、技术经济负责人、财会人员为本单位专职人员且相互不能兼职，其中技术经济负责人具有工程建设类高级专业技术职称或者工程建设类执业注册资格，并具有工程建设类中级以上专业技术职称，且有 7 年以上从事工程管理的经验。

3）注册资本金不少于 50 万元。

2. 乙级代理资格

建设工程乙级招标代理机构应具备以下资质条件：

1）取得暂定级工程招标代理资格满 1 年。

2）近 3 年内累计工程招标代理中标金额在 8 亿元人民币以上。

3）技术经济负责人为本机构专职人员，具有 8 年以上从事工程管理的经验，

具有高级技术经济职称和工程建设类注册执业资格。

4）具有中级以上职称的工程招标代理机构专职人员不少于 12 人，其中具有工程建设类注册执业资格人员不少于 6 人（其中注册造价工程师不少于 3 人），从事工程招标代理业务 3 年以上的人员不少于 6 人。

5）注册资本金不少于 1100 万元。

3. 甲级代理资格

建设工程甲级招标代理机构应具备以下资质条件：

1）取得乙级工程招标代理资格满 3 年。

2）近 3 年内累计工程招标代理中标金额在 16 亿元人民币以上（以中标通知书为依据）。

3）技术经济负责人为本机构专职人员，具有 10 年以上从事工程管理的经验，具有高级技术经济职称和工程建设类注册执业资格。

4）具有中级以上职称的工程招标代理机构专职人员不少于 20 人，其中具有工程建设类注册执业资格人员不少于 10 人（其中注册造价工程师不少于 5 人），从事工程招标代理业务 3 年以上的人员不少于 10 人。

5）注册资本金不少于 200 万元。

8.2.3　招标代理机构的权利和义务

1. 招标代理机构的权利

招标代理机构的权利，见表 8-4。

表 8-4　招标代理机构的权利

招标代理机构的权利	依照规定收取招标代理费
	有权要求招标人对代理工作提供协助
	对潜在投标人进行资格审查
	可以对已发出的招标文件进行必要的澄清或者修改
	拒收投标截止时间后送达的投标文件
	代替招标人主持开标

其内容有：

1）招标代理作为一项经营活动，招标代理机构有权收取相应的招标代理费。可以说这是招标代理机构最主要的一项权利。招标代理机构是通过与招标人订立委托合同取得授权的，委托合同中也应当明确代理费的数额和支付办法。招标活动可能需要花费一些费用，如编制招标文件、发布招标公告等，招标人应当预付处理招标事宜的有关费用，如果由招标代理机构垫付的，招标人应当偿还该费用及其利息。

2）由于招标代理机构是为招标人完成招标工作，离开招标人的配合，在很多情况下代理工作将无法开展。招标人应当提供与工程招标代理有关的文件、资料，对代理工作提供必要的协助，并对提供文件、资料的真实性、合法性负责。

3）招标代理机构可以根据招标项目本身的要求，在招标公告或者投标邀请书中，要求潜在投标人提供有关的证明文件和业绩情况，并对潜在投标人进行资格审查；国家对投标人的资格条件有规定的，依照其规定。

4）在招标文件要求提交的投标文件截止时间至少 15 日前，招标代理机构可以以书面形式对已发出的招标文件进行必要的澄清和修改。该澄清或者修改内容为招标文件的组成部分。在建设项目招标中，如果在踏勘现场或者答疑会上，投标人提出问题的，应当以书面形式答复，并且该答复也将作为招标文件的组成部分。所有的澄清、修改、答复都应当发至所有的投标人。

5）开标应当在招标文件确定的提交投标文件截止时间的同一时间公开进行。招标代理机构有权拒收投标截止时间后送达的投标文件，这是招标投标能够公正进行的基本保证。

6）开标应当由招标人主持，但是招标人委托招标代理机构主持的，也可由招标代理机构主持。

2. 招标代理机构的义务

招标代理机构的义务，如图 8-2 所示。

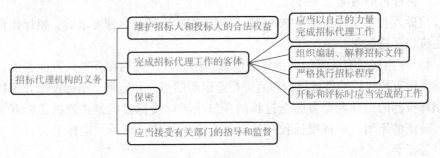

图 8-2　招标代理机构的义务

1）维护招标人和投标人的合法权益。招标代理机构作为招标人的代理人，应当维护招标人的利益，指出和纠正投标人的违规行为。招标代理机构所做的所有工作都是为了选择一个最符合招标文件要求的中标人。但是，维护招标人的合法利益并不意味着损害投标人的合法利益。招标代理机构不得以不合理的条件限制和排斥潜在的投标人，不得对潜在的投标人实行歧视性待遇。因此，招标代理机构应当维护招标人和投标人双方的合法利益。

2）完成招标代理工作。完成招标代理工作是招标代理机构最主要的义务，包括以下几点：

①应当以自己的力量完成招标代理工作。招标人将招标代理工作交给招标代理机构，在一般情况下，招标代理机构应当以自己的力量完成招标代理工作。在特殊的情况下，招标代理机构必须经招标人的书面同意后才可以转让代理业务。

②组织编制、解释招标文件。组织编制、解释招标文件是招标代理机构的一项重要义务，招标文件的质量将对招标的结果产生直接的影响。招标文件不得要求或者标明特定的生产供应者以及含有倾向或者排除潜在投标人的其他内容。

③严格执行招标程序。招标代理机构应当确定投标人编制投标文件所需要的合理时间。对于依法必须进行招标的项目，自招标文件开始发出之日起至投标人提交投标文件截止之日止，最短不得少于 20 日。

④开标和评标时应当完成的工作。招标代理机构在招标文件要求提交投标文件的截止时间前收到的所有投标文件，开标时都应当当众予以拆封、宣读。在评标中也应当严格按照法律法规和招标文件的规定进行。

3）保密义务。在招标投标过程中，招标代理机构应当严格履行《招标投标法》和委托代理合同规定的保密义务，这是确保招标能够公平进行的基本要求。

招标代理机构不得向他人透露已获取招标文件的潜在投标人的名称、数量以及可能影响公平竞争的有关招标投标的其他情况。招标人对招标设有标底的，标底必须保密。在评标过程中，招标代理机构也必须采用严格的保密措施，保证评标在严格保密的情况下进行。

招标人在委托代理合同中对招标代理机构提出其他保密要求的，招标代理机构也应当严格保密。

4）应当接受有关部门的指导和监督。招标代理机构在开展代理业务时，应当接受国家招标投标管理机构和有关行业组织的指导和监督。招标投标管理机构对招标投标的指导和监督是全过程的，包括招标投标过程是否遵循了公开、公平、公正的原则，招标投标程序是否符合有关规定，评标、定标是否科学、合理、公正等。

8.3　中央投资项目的招标代理资格与资质管理

为了提高政府投资效益，规范中央投资项目的招标投标行为，提高招标代理机构的服务质量，从源头上防止腐败现象，国家发展和改革委员会于 2005 年 9

月发布了《中央投资项目招标代理机构资格认定管理办法》（国家发展和改革委员会令第 36 号）。在中国境内从事中央投资项目招标代理业务的招标代理机构，经省级发展改革委初审、专家委员会评审、国家发展和改革委员会审定批准，取得中央投资项目招标代理机构资格证书，才能开展业务。

中央投资项目，是指全部或部分使用中央预算内资金（含国债）、专项建设基金、国家主权外债资金和其他中央财政性资金的固定资产投资项目。使用国家主权外债资金的中央投资项目，国际金融机构或贷款国政府对项目招标与采购有要求的，从其规定。

招标代理业务，包括受招标人委托，从事项目业主招标、专业化项目管理单位招标、政府投资规划编制单位招标，以及中央投资项目的勘察、可行性研究、设计、设备、材料、施工、监理、保险等方面的招标代理业务。

8.3.1 中央投资项目招标代理机构资格认定标准

依法设立的具有独立企业法人资格、与行政机关和其他国家机关没有行政隶属关系或其他利益关系、有固定的营业场所和开展中央投资项目招标代理业务所需设施及办公条件、有健全的组织机构和内部管理规章制度、具备编制招标文件和组织评标的相应专业力量、建立有一定规模的评标专家库、近三年内机构没有因违反《招标投标法》及有关管理规定而受到相关管理部门暂停资格以上处罚、近三年内机构主要负责人没有因违反《招标投标法》及有关管理规定受到刑事处罚的社会中介组织，可以申请中央投资项目招标代理机构资格。

中央投资项目招标代理机构资格分为甲级、乙级和预备资格，认定标准如下：

1. 甲级

甲级招标代理机构资格见表 8-5。

表 8-5 甲级招标代理机构资格

甲级招标代理机构资格	甲级资格的招标代理机构，注册资金应不少于 800 万元人民币
	招标专业人员不少于 50 人
	招标专业人员中，具有中级及中级以上职称的技术人员不少于 70%
	评标专家库专家人数在 800 人以上
	开展招标代理业务五年以上；近五年从事过的招标代理项目在 300 个以上，中标金额累计在 50 亿元人民币（以中标通知书为依据）以上

甲级资格的招标代理机构可以从事所有中央投资项目的招标代理业务。

2. 乙级

乙级招标代理机构资格见表 8-6。

表8-6　乙级招标代理机构资格

乙级招标代理机构资格	乙级资格的招标代理机构，注册资金应不少于300万元人民币
	招标从业人员不少于30人
	招标从业人员中，具备中级及中级以上职称的技术人员不少于60%
	评标专家库专家人数在500人以上
	开展招标代理业务三年以上，近三年从事过的招标代理项目在100个以上，中标金额累计在15亿元人民币（以中标通知书为依据）以上

乙级资格的招标代理机构只能从事总投资2亿元人民币及以下的中央投资项目的招标代理业务。

3. 预备资格

开展招标代理业务不足三年的招标代理机构，具备一定条件，可申请中央投资项目招标代理机构预备资格。

获得预备资格后，可从事总投资1亿元人民币及以下的中央投资项目的招标代理业务。

8.3.2　资格升级、降级、变更和终止

1. 资格升级

国家发展和改革委员会定期进行中央投资项目招标代理机构资格升级的评审工作。乙级和预备级招标代理机构在初次取得中央投资项目招标代理机构资格一年以后，具备高一级别条件的，可在当年招标代理机构资格申请受理时，按规定提出升级申请。

2. 资格降级或取消

国家发展和改革委员会每年组织专家委员会，依据项目招标情况报告、质疑和投诉记录以及招标项目业绩情况等，对中央投资项目招标代理机构进行年度资格检查。连续两年年检不合格的，予以降级处理直至取消招标代理资格，年检不合格的情况见表8-7。

表8-7　年检不合格的情况

年检不合格的情况	年度中有严重违规行为
	未能按时合规报送《中央投资项目招标情况报告》和年检材料
	甲级招标代理机构年度招标业绩达不到10亿元人民币
	乙级招标代理机构年度招标业绩达不到5亿元人民币

3. 资格变更

中央投资项目招标代理机构变更机构名称、地址、更换法定代表人的，应向国家发展和改革委员会申请更换资格证书。

中央投资项目招标代理机构在组织机构发生分立、合并等重大变化时，应向国家发展和改革委员会重新提出资格申请。

中央投资项目招标代理机构资格证书有效期为 3 年。

获得商务部颁发的机电产品国际招标机构资格的招标代理机构，可从事中央投资项目的机电产品国际招标代理业务。

8.4　招标师管理制度

8.4.1　招标师的概念

招标师是指通过招标师职业水平考试的方式取得《中华人民共和国招标师职业水平证书》，具备招标采购专业技术岗位工作的水平和能力，在招标单位、招标代理机构等从事招标采购业务的专业技术人员。2013 年人力资源和社会保障部、国家发展和改革委员会制定了《招标师职业资格制度暂行规定》，国家对招标师资格实行注册执业管理制度，取得《资格证书》的人员，经过注册方可以招标师名义执业。

8.4.2　招标师的执业范围

招标师的主要工作是依法开展招标采购业务，包括：

1）编制和实施招标总体计划、招标方案、编写招标公告、资格预审文件，招标文件及其澄清修改（其中技术规范、工程量清单由其他专业技术人员为主编制）、评标公示、中标通知等。

2）组织资格审查、现场踏勘、开标、评标活动。

3）受理对资格预审文件、招标文件、开标和评标结果的异议答复。

4）主持或协助合同谈判并签订合同。

5）采用其他方式组织采购活动。

6）配合招标采购合同管理、结算和验收。

7）协助解决招标活动及其合同履行中的争议纠纷。

招标师可以利用自身的专业知识和能力，为企业、政府和行业及其他专业工作提供招标采购业务相关的咨询和培训服务。

8.4.3 招标师职业水平考试申报条件

可申请参加招标师职业水平考试的条件见表8-8。

表8-8 可申请参加招标师职业水平考试的条件

学历	工作年限
取得经济学、工学、法学或管理学类专业大学专科学历	工作满6年，其中从事招标采购专业工作满4年
取得经济学、工学、法学或管理学类专业大学本科学历	工作满4年，其中从事招标采购专业工作满3年
取得含经济学、工学、法学或管理学类专业在内的双学士学位或者研究生班毕业	工作满3年，其中从事招标采购专业工作满2年
取得经济学、工学、法学或管理学类专业硕士学位	工作满2年，其中从事招标采购专业工作满1年
取得经济学、工学、法学或管理学类专业博士学位	从事招标采购专业工作满1年
取得其他学科门类上述学历或者学位的	从事招标采购专业工作的年限相应增加2年

8.4.4 招标师登记服务管理

招标师职业水平证书实行登记服务管理。国家发展和改革委员会是招标师职业水平证书登记服务工作的主管部门。中国招标投标协会负责登记服务的具体工作。

取得招标师职业水平证书的人员，应当向中国招标投标协会申请办理登记手续。申请首次登记和再登记的人员应在规定的受理期限内，登录指定的登记服务系统，依照规定的登记内容、流程和要求，完成在线登记手续。

中国招标投标协会负责组织审核申请人的登记信息。申请人登记信息和提交的材料不齐全或者不符合要求的，由中国招标投标协会通知申请人予以补正。必要时，申请人应提供有关证明材料原件。如图8-3所示。

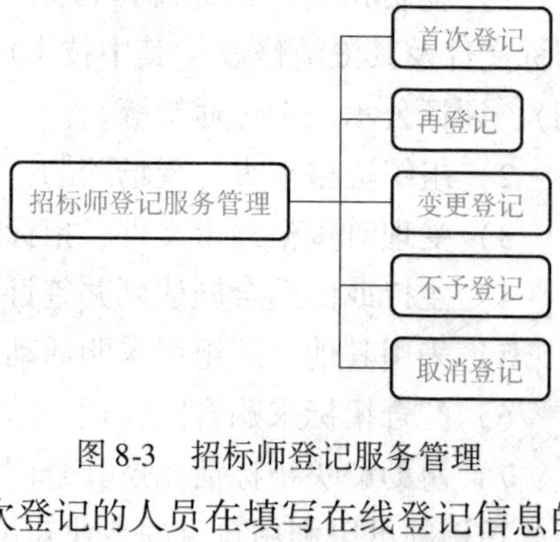

图8-3 招标师登记服务管理

1. 首次登记

首次登记的受理期限为证书签发之日起6个月内，登记服务有效期3年。申请首次登记的人员在填写在线登记信息的同时，还应提供本人招标投标工作业绩和信誉证明的书面材料。首次登记信息审核合格后，中国招标投标协会会向申请人颁发《中国招标师电子登记证书》。审核不合格的，由中国招标投标协会通知申请人并说明理由。

2. 再登记

首次登记后，每3年进行再登记。申请再登记的人员，应当提供以下信息或书面材料：

1）按照招标师继续教育办法规定，继续教育考核合格的证明。

2）前次登记3年以来的工作业绩和信誉情况的书面证明材料。

3）前次登记内容的变更信息及必要的书面证明材料。

招标师在考核周期内取得规定的继续教育全部学分的，其学分转入招标师登记服务系统，作为办理再登记的依据。再登记的受理期限为上一次登记有效期满前3个月，至登记有效期满后3个月。超过登记或再登记受理期限的，不予登记。再登记人员信息审核合格的，由中国招标投标协会在《中国招标师电子登记证书》中注明"再登记合格"。审核不合格的，会通知申请人并说明理由。

招标师未能在考核周期内按规定取得继续教育规定合格学分的，不予办理招标师再登记；招标师弄虚作假骗取继续教育学分的，取消相应的继续教育学分，已经办理招标师再登记的，取消再登记。

3. 变更登记

招标师变更从业单位时，应当与原聘用单位解除劳动关系，并按照规定办理变更登记手续，变更登记的具体流程和办法遵从登记服务机构制定的相关规定。招标师变更登记后，仍延续原登记有效期。

4. 不予登记

有下列情形之一的人员，报经主管部门批准后，不予登记；已经登记的，应取消登记，收回《中国招标师电子登记证书》：

1）以不正当手段取得电子登记证书的。

2）私自涂改、出借、出租和转让电子登记证书的。

3）在登记中提供虚假信息且拒绝改正的。

4）其他不宜登记的情形。

5. 取消登记

取得招标师职业水平证书的人员，违反相关法律、法规、规章或职业道德，造成不良影响的，中国招标投标协会报经主管部门批准后，取消其登记，并将取消登记的情况通知发证机构，由发证机构收回其招标师职业水平证书。

8.4.5　招标师职业继续教育的内容

招标师职业继续教育的内容分必修课程和选修课程。必修课程是指由中国招标投标协会统一设置和组织实施的，招标师必须学习完成的教学课程，其主要内容包括：

1）招标采购相关的法律、法规、政策、标准规范。

2）招标采购相关基础理论及相关专业知识。

3）招标采购职业道德行为规范。

4）招标采购方式、方法及其全过程专业实务。

5）国际招标采购相关制度应用。

6）国内外招标采购行业现状及发展趋势。

选修课程是指由中国招标投标协会或其确认的职业教育培训机构按照统一的继续教育方案设置和实施的，招标师结合自身工作需要选择学习的教学课程，其主要内容包括：

1）行业部门和省（市）地方依法制定的招标采购规定。

2）体现专业特点的招标采购方式、方法及其操作实务。

3）尚未实施的必修课程范围的内容。

4）其他招标采购相关专业知识。

8.4.6　职业继续教育的形式

招标师职业继续教育的教学形式以网络教学为主，面授教学为辅。网络教学通过中国招标投标协会主办的中国招标师继续教育网络服务系统实施。面授教学由职业教育培训机构根据继续教育方案和实施计划组织进行。

8.4.7　招标师继续教育的管理

中国招标投标协会负责招标师职业继续教育的组织、实施和管理，具体包括：

1）制定和公布每个考核周期及年度的职业继续教育方案和实施计划。

2）编审、推荐和公布职业继续教育大纲和课程教材。

3）组织实施招标师职业继续教育全部必修课程和部分选修课程的教育培训及考核工作。

4）指导招标师职业教育培训机构的工作。

5）公布、核查招标师继续教育的学分完成情况。

中国招标投标协会通过网络教育系统及时公布招标师完成职业继续教育的学

分情况。招标师可以通过网络教育系统获取职业继续教育方案和实施计划等有关信息，查询本人继续教育学分完成情况等，并可通过网络教育系统反馈有关意见和建议。

招标师在查询本人继续教育学分完成情况等信息时，如果发现与实际情况不符，应及时向中国招标投标协会反映核实。

8.4.8　招标师的职业权利

招标师的职业权利是指招标师从业活动中依法享有的权利，包括：

1）自主选择从业单位的权利。招标师有权自主选择从业单位，依法从事招标采购工作。

2）依法开展招标采购业务并获取劳动报酬的权利。招标师按照采购人委托或所在单位工作职责的安排，有权利开展招标采购相关业务并获取相应劳动报酬。

3）维护招标投标秩序的权利。招标师有权告诫、抵制和纠正招标采购过程中违反国家有关法律、法规的行为。

8.4.9　招标师的义务

招标师的职业义务是指招标师在从业活动中享有权利的同时，应当履行的相应义务（图8-4）。

1）遵纪守法。招标师在开展招标采购相关业务时，应严格遵守招标投标的各项法律、法规和政策，遵守所在工作单位的规章制度，执行国家和行业的标准、规范，维护国家、社会公共利益和招标投标当事人的合法权益。招标师在招标采购活动中，如果发现了违反国家有关法律、法规的

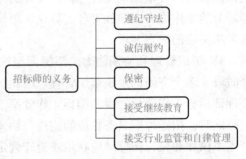

图 8-4　招标师的义务

行为，应及时向相关行政管理部门或行业协会如实反映情况。

2）诚信履约。招标师应当在依法维护社会公共利益的基础上，对招标委托人和所在工作单位负责，恪守职业道德，诚信履约，尽心尽责地履行自己的本职工作和承诺的义务。

3）保密。招标师应承担相应保密义务，不得泄露招标采购工作中涉及的国家秘密，招标人、投标人、其他当事人以及招标采购活动中应当保密的信息，更不能利用机密信息非法牟利。

4）接受继续教育。招标师应关注有关法律、法规的最新动态，接受有关部门组织的继续教育，参加职业培训，学习、更新专业知识，不断提高业务水平。

5）接受行业监管和自律管理。招标师应自觉接受行政管理部门的监督，接受行业组织的指导以及行业自律管理。

中国招标投标协会是我国招标投标行业进行自律管理的社团组织，对招标投标行业的自律规范具有重要作用。招标师的职业行为必须依法守信，遵守职业道德准则和行业行为规范的规定。

8.4.10 招标师应具备的业务素质

招标师的业务素质指招标师应当具备的专业知识、能力和水平。招标师作为专业技术人员，具有良好的业务素质是从事招标采购活动的基本要求和必备条件。招标师应当具备的业务素质主要包括以下几方面：

1）掌握和运用专业知识的能力。招标采购活动是一项政策性、技术性、经济性极强的工作，招标师应能够全面、准确理解和掌握国家和行政监督部门颁布的有关招标采购的法律法规、政策、标准规范，相关技术经济知识，以及民事诉讼法、建筑法等相关法律法规知识，并有效运用到实际招标采购工作中。

2）招标采购专业实务操作能力。招标师应具备招标采购全过程所需要的编制招标公告、资格预审文件、招标文件的能力，组织投标资格审查、开标、评标等环节的工作能力以及处理各类异议、争议纠纷的实务操作能力，才能够适应招标采购岗位的职责要求。

3）组织管理和协调能力。招标师组织招标采购的全过程涉及多个主体、多个时段、多个空间的系统组织管理。因此，应当具备一定的组织管理能力，才能够保证招标工作质量，提高招标工作效率。

同时，招标师应具备相应的沟通与协调能力。招标活动涉及多方利益，容易产生争议和冲突，招标师应在依法遵守规定程序的基础上，及时与招标人、投标人、评标委员会、其他专业技术人员、监督管理机构等参与者进行有效的沟通和交流，有效防止和妥善解决招标采购活动及合同履行中的争议纠纷。

8.4.11 招标师的工作规范管理

1）招标师的工作规范是指招标师在从事招标采购活动时必须遵循的基本准则。

2）招标师在招标采购活动中，应当认真负责，规范履行招标采购工作职责，保证工作行为和工作成果依法合规、客观真实、保质、保量、按时完成。

3）招标师如与投标人有隶属关系或其他利益关系，应予以回避。招标师不得承接同一项目的招标代理和投标代理，也不得为所代理的招标项目的投标人提供咨询。

4）招标师不得以任何方式规避招标或虚假招标。

5）不得违法限制或者排斥本地区、本系统以外的潜在投标人参加投标，不得以任何方式非法干涉招标投标活动，不得非法干预、影响评标的过程和结果。

6）招标师不得与招标投标主体和评标专家私下串通协商、暗箱操作、串标投标，泄露应当保密的招标评标信息，损害国家和社会公共利益，损害招标人和其他市场主体的合法权益。

7）招标师在招标采购活动中，不得收受与工作职责有关以及可能影响客观公正履行职责的任何不正当利益。

8.4.12　招标师的从业责任

招标师的从业责任是指招标师在从业活动中，由于其从业行为违反相关规定而应承担的相应责任。招标师的从业责任主要有三种：

1）行政责任。行政责任是指招标师在从业过程中，因违反《招标投标法》及其他相关法律法规，依法受到的行政制裁。行政责任分为行政处分和行政处罚。

行政处分是行政机关对身份为国家公务员和在事业单位任职的招标师违法违规，但尚未构成犯罪的行为给予的惩戒处理。行政处分的种类包括警告、记过、记大过、降级、撤职、开除等。

行政处罚是指行政机关或其他行政主体依法定职权和程序，对在各类企事业单位中就职的招标师违反行政法规，但尚未构成犯罪的行为所实施的制裁处理。行政处罚的种类包括：警告、罚款、没收违法所得、暂停从事招标业务或者取消招标职业资格等。

2）民事责任。民事责任是指招标师在从业过程中，因违法违规或因过错、过失给当事人造成损失，依法应承担的民事赔偿责任。

3）刑事责任。刑事责任是指招标师从业过程中，因违法行为情节严重构成犯罪，依照刑法所受到的刑事处罚。如招标师有泄露应当保密的、与招标投标活动有关的资料，提供虚假信息，行贿受贿，串通投标，损害国家、社会公共利益或者他人合法权益等行为，情节严重构成犯罪的，将被依法追究刑事责任。

8.5 招标代理机构的监管与法律责任

8.5.1 招标代理机构的民事责任

招标代理机构的民事责任，是指招标代理机构没有按照法律规定和合同约定履行自己的义务时，应当承担的法律后果。

1. 招标代理机构应当承担民事责任的行为

1）违反《招标投标法》规定的保密义务。招标代理机构违反法律规定，泄露应当保密的、与招标投标活动有关的情况或者资料的，与招标人、投标人串通损害国家利益、社会公共利益或者他人合法权益的，招标代理机构应当对上述行为承担民事责任。

2）违反委托代理合同约定的义务。招标代理机构应当完成的义务主要由委托代理合同约定，招标代理机构应当严格履行，违反合同约定义务的，招标代理机构应当承担相应的民事责任。

2. 违反招标投标法应当承担的民事责任的种类

1）赔偿损失。赔偿损失是违反《招标投标法》时应当承担的最主要的民事责任。损失赔偿责任以过错方承担为原则，如果双方都有过错，则应依过错大小承担相应的赔偿责任。赔偿损失的数额应当相当于过错行为造成的损失，包括正常情况下可以获得的利润。

招标代理机构违反《招标投标法》规定的保密义务的，《招标投标法》直接规定了招标代理机构应当承担赔偿责任。因为这种行为有较大的主观恶意，招标代理机构应当赔偿其行为给招标人造成的全部损失。

招标代理机构违反委托代理合同约定义务的，应当依合同的约定承担赔偿责任。合同可以规定招标代理机构承担全部的赔偿责任，也可以规定赔偿责任的高限或者比例。

2）采取补救措施。对于违反《招标投标法》的行为，如果有可能，应当尽量采取补救措施。

8.5.2 招标代理机构的行政责任

招标代理机构的行政责任，是指招标代理机构因为实施法律、法规所禁止的行为而产生的在行政上必须承担的法律后果。招标代理机构违反法律、法规应当承担的行政责任主要是行政处罚。行政处罚是指国家行政机关及其授权的法定组织对违反法律、法规、规章，但尚不构成犯罪的公民、法人及其他组织实施的一种制裁行为。《招标投标法》和《工程建设项目招标代理机构资格认定办法》对招标代理机构的行政责任都有规定。

1. 招标代理机构应当承担行政责任的行为

1）招标代理机构违反《招标投标法》的规定，泄露应当保密的、与招标投标活动有关的情况和资料的。

2）招标代理机构与招标人、投标人串通损害国家利益、社会公共利益或者他人合法权益的。

3）招标代理机构在申请获得资格复审时弄虚作假的。

4）未取得资格认定承担工程招标代理业务的。

5）工程招标代理机构涂改资格证书或者超越资格证书规定范围承担工程招标代理业务的。

6）工程招标代理机构出借、转让资格证书的。

2. 招标代理机构应当承担的行政责任的种类

1）罚款。对招标代理机构违反《招标投标法》的行为采用罚款处罚的，可以既对代理机构罚款也对有关责任人个人罚款，也可以只对代理机构或者责任人罚款。招标代理机构违反规定，泄露应当保密的、与招标投标活动有关的情况或者资料的，与招标人、投标人串通损害国家利益、社会公共利益或者他人合法权益的，对招标代理机构处 5 万元以上、25 万元以下的罚款，对单位直接负责的主管人员和其他直接责任人员处单位罚款数额的5% 以上、10% 以下的罚款。

未取得资格认定承担工程招标代理业务的，由招标工程所在地的建设行政主管部门处以 1 万元以上、3 万元以下的罚款。工程招标代理机构超越规定范围承担工程招标代理业务的，由建设行政主管部门处以 1 万元以上、3 万元以下的罚款。工程招标代理机构出借、转让或者涂改资格证书的，由建设行政主管部门处以 1 万元以上、3 万元以下的罚款。

2）没收违法所得。招标代理机构违反规定，泄露应当保密的、与招标投标活动有关的情况或者资料的，与招标人、投标人串通损害国家利益、社会公共利益或者他人合法权益的，如果有违法所得的，应当予以没收。

3）暂停直到取消招标代理资格。招标代理机构违反《招标投标法》的行为情节严重的，如给招标人、投标人造成重大损失的，甚至造成中标无效的，行政监督部门可以暂停其招标代理资格，待其经过整顿后符合要求，才对其恢复资格，也可以根据违法情节的严重程度，取消招标代理机构的从业资格，将其逐出招标市场。

招标代理机构在申请资格认定或者资格复审时弄虚作假的，建设行政主管部门应当退回其资格认定、资格复审申请，或者收回已发的资格证书，并在 3 年内不受理其资格申请。

工程招标代理机构超越规定范围承担工程招标代理业务的，情节严重的，收回其工程招标代理资格证书，并在 3 年内不受理其资格申请。

8.5.3 招标代理机构的刑事责任

招标代理机构在招标代理中有可能承担以下刑事责任（图 8-5）。

1. 侵犯商业秘密罪

1）招标代理机构可能构成侵犯商业秘密罪的行为。商业秘密是指不为公众所知悉，能为权利人带来经济利益，具有实用性并被权利人采用保密措施的技术信息和经营信息。在招标投标活动中，有许多

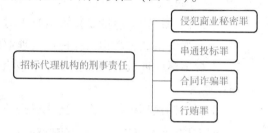

图 8-5 招标代理机构的刑事责任

信息都属于商业秘密，招标代理机构违反规定，泄露应当保密的、与招标投标活动有关的情况或者资料的，与招标人、投标人串通损害国家利益、社会公共利益或者他人合法权益的，情节严重的，可能构成侵犯商业秘密罪。

2）侵犯商业秘密罪的构成要件见表 8-9。

表 8-9 侵犯商业秘密罪的构成要件

侵犯商业秘密罪的构成要件	内容
犯罪的客体	侵犯商业秘密罪既侵犯了国家对市场秩序的管理制度，又侵犯了商业秘密权利人的合法权益
犯罪的客观方面	侵犯商业秘密罪表现为，行为人实施了以非法手段获取、泄露、使用他人的商业秘密，并给商业秘密的权利人造成重大损失的行为
犯罪的主观方面	侵犯商业秘密罪一般是由故意犯罪构成的
犯罪的主体	侵犯商业秘密罪的主体是一般主体

3）侵犯商业秘密罪的刑事责任。侵犯商业秘密行为给商业秘密权利人造成重大损失的，对犯罪主体处 3 年以下有期徒刑或者拘役，并处或者单处罚金；造成特别严重后果的，处 3 年以上、7 年以下有期徒刑，并处罚金。

2. 串通投标罪

投标人与招标人串通投标，损害国家、集体、公民的合法利益，情节严重的，处 3 年以下有期徒刑或者拘役，并处或者单处罚金。招标代理机构如果参与这类行为，也可能构成串通投标罪。

3. 合同诈骗罪

投标人以他人名义投标或者以其他方式弄虚作假，骗取中标构成犯罪的，依法追究刑事责任。因为，招标投标是合同签订过程中的步骤，在招标投标中的诈骗行为可能构成合同诈骗罪。招标代理机构在招标代理活动中有弄虚作假行为且情节严重的，也可能构成合同诈骗罪。诈骗数额较大的，处 3 年以下有期徒刑或者拘役，并处或者单处罚金；数额巨大的或者有其他特别严重情节的，处 10 年以下有期徒刑，并处罚金；数额特别巨大的或者有其他特别严重情节的，处 10 年以上有期徒刑或者无期徒刑，并处罚金或者没收财产。

4. 行贿罪

招标代理机构如果在招标代理活动中以行贿的手段谋取订立合同或者谋取其他好处，情节严重、构成犯罪的，依法追究刑事责任。依照《刑法》的规定，行贿行为的行贿数额较大的，处 3 年以下有期徒刑或者拘役；数额巨大的，处 3 年以上、10 年以下有期徒刑，并处罚金或没收财产。如果是单位犯行贿罪的，对单位判处罚金，并对其直接负责的主管人员和其他直接责任人员，追究刑事责任。

【案例 8-1】2002 年 10 月，某省招标代理公司受某市地税局的委托，就该局新建综合大楼所需的地温螺杆式热泵机组的采购及安装服务在国内公开招标，邀请该种热泵机组的生产商或供应商投标，甲公司、乙公司等 7 家单位在规定的期限内投标。2002 年 11 月 12 日，由省招标代理公司主持开标、唱标，某省公证处对这一过程进行公证。此后由评标委员会进行了询标、评标。2002 年 12 月 2 日，评标结果公示，乙公司中标。

招标工作完成后，甲公司起诉被告省招标代理公司、乙公司在地税局新建综合大楼所需的地温螺杆式热泵机组采购及安装服务的招标投标活动中相互串通，侵害了原告公平竞争的合法权益。据此，请求法院判令乙公司中标无效，乙公司、地税局签订的《地温螺杆式热泵机组采购合同》无效，乙公司和省招标代理公司赔偿原告经营利润损失 37.2 万元，商业信誉、商品声誉损失 20 万元。试分析上述案例中所存在的问题。

【案例分析】因本案例中，省招标代理公司与乙公司存在串通伪造乙公司投标文件的行为，乙公司中标无效，因中标而导致的乙公司与地税局签订的合同亦无效。本案合同已经履行，合同无效将导致返还财产、折价补偿的法律后果，使国家财产蒙受巨大损失，为维护社会关系的稳定，应维持该合同履行的现状。招标代理公司与乙公司相互串通伪造乙公司投标文件的行为构成不正当竞争行为，应由省招标代理公司与乙公司共同承担赔偿。

【案例8-2】2010襄阳市某拆迁还建房工程招标活动中，襄阳市大正工程项目管理有限公司工作人员杨某某收取投标人好处费，要求资格预审评标委员会组长王以文，将不符合条件的中基建设有限公司等3家公司登记为合格入围。福建某某建筑公司为达到中标目的，与项目管理有限公司串通投标。最后，福建某某建筑公司中标。行政监督机构接到举报后，经过调查情况属实，宣布中标无效。大正公司杨某某被处罚，并通报批评，还被取消招标代理资格2年。王某某被取消评委资格，记不良记录1次。

试分析上述案例中所存在的问题。

【案例分析】本案件代理机构收取好处费，违反了《招标投标法》第50条的规定，损害了其他招标人的合法权益，宣布中标无效并给予相应的处理是正确和必要的。

本案例中的工程招标代理机构在实际的招标过程中，其职能已经被严重架空，代理机构和人员甚至沦为商业贿赂犯罪的主体，直接参与商业贿赂犯罪。

第9章 投标文件编制案例

本章知识导图

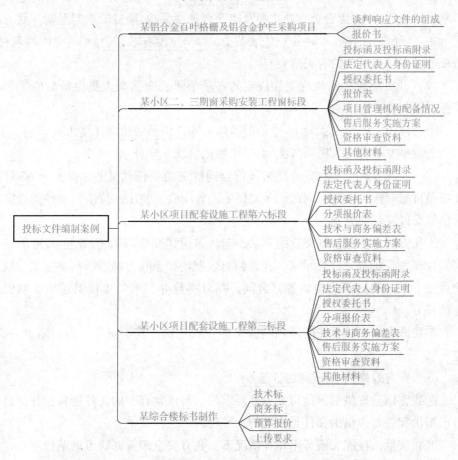

9.1 某铝合金百叶格栅及铝合金护栏采购项目

9.1.1 谈判响应文件的组成

某铝合金百叶格栅及铝合金护栏采购项目投标文件主要包括：谈判复函格

式、法定代表人授权书、谈判报价表、货物分项报价一览表、采购项目要求和商务条款偏差表、资格证明文件、谈判供应商承诺函、谈判供应商反商业贿赂承诺书、投标单位类似产品业绩、主要材料及五金配件表、制造与安装工艺和服务计划。

1. 谈判复函格式

致：＊＊招标采购服务有限公司

（1）根据贵单位发布的 HNZB（2019）N＊＊＊ 号谈判公告，我们决定参加贵单位组织的 ＊＊＊铝合金百叶格栅及铝合金护栏采购 项目的谈判采购。我方授权 张一 经理 （姓名和职务）代表我方 ＊＊＊建设有限公司 （供应商的名称）全权处理本项目谈判的有关事宜。

（2）我方愿意按照谈判文件规定的各项要求，向采购人提供所需的货物与服务，谈判价：

①总价为人民币（大写） 壹佰捌拾陆万肆仟伍佰柒拾肆元捌角贰分 ；

②每平方单价为人民币（大写） 贰佰贰拾玖元陆分 元/平方。

③一旦我方成交，我方将严格履行合同规定的责任和义务，保证于 60 日内完成项目的制作、安装、调试，并交付采购人验收、使用；按谈判文件的规定向贵单位支付谈判服务费。

④我方同意按照谈判文件的要求，向贵单位递交金额为 伍万元 人民币（大写）的谈判保证金。并且承诺，在谈判有效期内如果我方撤回谈判响应文件或成交后二十天（20）日内拒绝签订合同，我方将放弃要求贵单位退还该谈判保证金的权力。

⑤我方为本项目提交的谈判响应文件一式三份，其中正本一份、副本二份；电子档一份。

⑥谈判有效期为 从谈判之日起60 天。

⑦我方愿意提供贵单位可能另外要求的、与谈判有关的文件资料，并保证我方已提供和将要提供的文件是真实的、准确的。

⑧在质量、性能和服务不相等情况下，我方完全理解并认可贵单位不一定将合同授予最低报价的供应商。

谈判供应商： ＊＊＊建设有限公司 （公章）　　谈判供应商授权代表：（签字）

日期：　　年　　月　　日　　　　　　通讯地址：

邮政编码：　　　　　　　　　　　　　电话：

供应商开户行：　　　　　　　　　　　账号：

注意：

1. 投标保证金应在招标文件规定的投标保证金期限内提交，一般在投标同时提交。

2. 没有按照招标文件提交投标保证金或所提供的投标保证金有瑕疵的，按废标处理。

提交投标保证金但违反下述方投标保证金的两种情况之一，没收投标保证金。

（1）没有按招标文件要求提交履约保证金的，将失去订立合同的资格，并没收投标保证金。

（2）提交履约保证金方不履行合同，接受方可按合同约定没收保证金，并不以此为限；接受方不履行合同，须向提交方双倍返还履约保证金，并不以此为限。

2. 法定代表人授权书

法定代表人委托书还应附有法定代表人的身份证和委托人身份证。

3. 谈判报价表

本次项目的谈判报价见表9-1。

表9-1 谈判报价表

谈判供应商名称：

项目名称	*** 铝合金百叶格栅及铝合金护栏采购项目
谈判总价	人民币小写（元）： 元 人民币大写（元）：
每平方单价	人民币小写（元）： 元 人民币大写（元）：
品牌及型号	品牌：蓝华铝 型号：25×38×1.2
谈判保证金数额	人民币小写（元）： 元 人民币大写（元）：
谈判保证金形式	网银转账

谈判供应商：（公章）

法定代表人或授权代表：（签字）

年 月 日

4. 货物分项报价一览表

货物的分项报价见表9-2。

表 9-2 货物的分项报价一览表

项目名称：*** 铝合金百叶格栅及铝合金护栏采购项目

序号	产品名称	品牌型号	单位	数量	单价（元）	小计（元）	运输及保险费（元）	技术服务费（元）	税费（元）	合计（元）	工期	交货地
1	铝合金百叶格栅及护栏	蓝华铝35×38×1.2	m²	约8140	181.74	1479360.6	168089.12	63169.38	153955.72	1864574.82	60天	施工现场

谈判供应商：（公章）

法定代表人或授权代表：（签字）

年　　月　　日

说明：1. 技术服务费是指安装、调试、运行等费用。

　　　2. 本表必须与货物需求表保持一致。

9.1.2 报价书

1. 投标报价汇总表

*** 铝合金百叶格栅及铝合金护栏采购项目投标报价汇总见表9-3。

表 9-3 投标报价汇总表

序号	汇总内容	金额（元）	其中：暂估价（元）
1	分部分项工程	1647429.02	
2	措施项目	34170.94	
2.1	其中：安全文明施工费	23404.38	
2.2	其他措施费（费率类）	10766.56	
2.3	单价措施费		
3	其他项目		—
3.1	其中：1）暂列金额		—
3.2	2）专业工程暂估价		—
3.3	3）计日工		—
3.4	4）总承包服务费		—
3.5	5）其他		—
4	规费	29019.14	—
4.1	定额规费	29019.14	—
4.2	工程排污费		—

（续）

序号	汇总内容	金额（元）	其中：暂估价（元）
4.3	其他		
5	不含税工程造价合计	1710619.1	
6	增值税	153955.72	—
7	含税工程造价合计	1864574.82	

　　说明：该项目的投标报价组成由分部分项工程费、措施项目费、其他项目费、规费和税金组成。其中措施项目费包含安全文明施工费、其他措施费（含费率）和单价措施费。其他项目包括暂列金额、专业工程暂估价、计日工、总承包服务费和其他构成。规费是由定额规费、工程排污费和其他组成。税金包括税前造价和不含税的造价。税前造价指的是人工费、材料费、施工机具使用费、企业管理费、利润和规费之和，各费用项目均不包含增值税可抵扣进项税额的价格计算。税后造价指的是税前造价×增值税的税率。

2. 综合单价分析表

　　金属百叶窗的综合单价分析表见表 9-4。

　　关于综合单价分析表的填写：

　　①清单项目综合单价=人工费+材料费+机械费+管理费和利润

　　②清单综合单价组成明细中的"数量"=(定额工程量/清单工程量)/定额单位数量，如图 9-1 所示。

综合单价分析表											
项目编码		010807003001	项目名称		金属百叶窗	计量单位	㎡	工程量	6783		
清单综合单价组成明细											
定额编号	定额项目名称	定额单位	数量	单价				合价			
				人工费	材料费	机械费	管理费和利润	人工费	材料费	机械费	管理费和利润
8-69	铝合金 百叶窗安装	100m²	0.01	1552.93	19832.08		528.39	15.53	198.32		5.28
人工单价		小计						15.53	198.32		5.28

图 9-1　清单综合单价分析表中的数量

　　③材料费明细中的"数量"=清单综合单价组成明细中的"数量"×定额中查到的该种材料的消耗量，如图 9-2 所示。

　　④如何验算材料费的正确与否？材料费明细中就是将清单项目组成下的材料进行汇总，最后得出的"材料费小计"应该与清单综合单价组成明细中的"材料费"合价相等，否则材料费组成则不正确，材料明细表和清单明细表的材料费对比如图 9-3 所示。

表 9-4　金属百叶窗综合单价分析表

综合单价分析表

项目编码	01080700300 1	项目名称	金属百叶窗	计量单位	m²	工程量	6783

清单综合单价组成明细

定额编号	定额项目名称	定额单位	数量	单价				合价			
				人工费	材料费	机械费	管理费和利润	人工费	材料费	机械费	管理费和利润
8-69	铝合金 百叶窗安装	100m²	0.01	1552.93	19832.08		528.39	15.53	198.32		5.28
人工单价				小计				15.53	198.32		5.28
高级技工 201元/工日；普工87.1元/工日；一般技工134元/工日				未计价材料费							
	清单项目综合单价							219.14			

材料费明细

	主要材料名称、规格、型号	单位	数量	单价（元）	合价（元）	暂估单价（元）	暂估合价（元）
材料费明细	镀锌自攻螺钉 ST5×16	个	5.7453	0.03	0.17		
	塑料膨胀螺栓	个	5.5811	1.02	5.69		
	铝合金门窗配件固定连接铁件（地脚）3mm×30mm×300mm	个	5.5264	0.63	3.48		
	铝合金 金属百叶窗	m²	0.9254	150	138.81		
	硅酮耐候密封胶	kg	1.509	11	16.6		
	聚氨酯发泡密封胶（750mL/支）	支	2.2298	15	33.45		
	电	kW·h	0.07	0.66	0.05		
	其他材料费	元	0.0729	1	0.07		
	材料费小计			—	198.32	—	

表-09

注：1. 如不使用省级或行业建设主管部门发布的计价依据，可不填定额编号、名称等。

　　2. 招标文件提供了暂估单价的材料，按暂估单价填入表内"暂估单价"栏及"暂估合价"栏。

材料费明细	主要材料名称、规格、型号	单位	数量	单价（元）	合价（元）	暂估单价（元）	暂估合价（元）
	镀锌自攻螺钉 ST5×16	个	5.7453	0.03	0.17		
	塑料膨胀螺栓	个	5.5811	1.02	5.69		
	铝合金门窗配件固定连接铁件(地脚) 3mm×30mm×300mm	个	5.5264	0.63	3.48		

图 9-2　材料明细表中的"数量"

图 9-3　材料明细表和清单明细表的材料费对比

⑤关于综合单价的调整。如果在实际的投标中对方给出了该清单项目的综合单价，那么我们在组价之后就要进行微调，这里的微调主要是对材料单价进行略微调整，一些材料可以采用市场价或是施工方自己的材料采购价。做调整的时候只要调整一个数字，那么综合单价就会随之改变，多次调整直到调整的综合单价正好符合要求为止。如图 9-4 所示。

材料费明细	主要材料名称、规格、型号	单位	数量	单价（元）	合价（元）	暂估单价（元）	暂估合价（元）
	镀锌自攻螺钉 ST5×16	个	5.7453	0.03	0.17		
	塑料膨胀螺栓	个	5.5811	1.02	5.69		
	铝合金门窗配件固定连接铁件(地脚) 3mm×30mm×300mm	个	5.5264	0.63	3.48		
	铝合金百叶窗	m²	0.9254	150	138.81		
	硅酮耐候密封胶	kg	1.509	11	16.6		
	聚氨酯发泡密封胶(750ml/支)	支	2.2298	15	33.45		
	电	kW·h	0.07	0.66	0.05		
	其他材料费	元	0.0729	1	0.07		
	材料费小计				198.32		

图 9-4　材料费明细中单价栏

金属扶手、栏杆、栏板综合单价的分析见表 9-5。

表9-5 金属扶手、栏杆、栏板综合单价分析表

综合单价分析表

项目编码	011503001001	项目名称	金属扶手、栏杆、栏板	计量单位	m	工程量	2260

清单综合单价组成明细

定额编号	定额项目名称	定额单位	数量	单价				合价			
				人工费	材料费	机械费	管理费和利润	人工费	材料费	机械费	管理费和利润
15-93换	护窗 不锈钢栏杆 不锈钢扶手 换为【铝合金方管25×25×1.2】	10m	0.1	465.13	89.87	17.97	139.36	46.51	8.99	1.8	13.94
人工单价			小计					46.51	8.99	1.8	13.94
高级技工201元/工日;普工87.1元/工日;一般技工134元/工日			未计价材料费								
		清单项目综合单价							71.24		

材料费明细	主要材料名称、规格、型号	单位	数量	单价(元)	合价(元)	暂估单价(元)	暂估合价(元)
	硅酮耐候密封胶	kg	0.003	11	0.03		
	氩气	m³	0.2205	17	3.75		
	铝合金方管38×25×1.2	m	0.9953	5.23	5.21		
	材料费小计			—	8.99		—

表-09

注:1. 如不使用省级或行业建设主管部门发布的计价依据,可不填定额编号、名称等。

2. 招标文件提供了暂估单价的材料,按暂估的单价填入表内"暂估单价"栏及"暂估合价"栏。

说明:综合分析表的填写方法同前。

3. 主要材料价格表

该项目使用的主要材料信息见表9-6。

表9-6　主要材料价格表

序号	材料编码	材料名称	规格、型号等特殊要求	单位	数量	单价（元）	合价（元）
1	03010619	镀锌自攻螺钉	ST5×16	个	38970.30207	0.03	1169.11
2	03012859	塑料膨胀螺栓		个	37856.80479	1.02	38613.94
3	03032347	铝合金门窗配件固定连接铁件（地脚）	3mm×30mm×300mm	个	37485.70686	0.63	23616
4	11090276	铝合金百叶窗		m²	6276.9882	150	941548.23
5	14390113	氩气		m³	498.33	17	8471.61
6	14410181	硅酮耐候密封胶		kg	10242.05568	11	112662.61
7	14410219	聚氨酯发泡密封胶（750ml/支）		支	15124.46208	15	226866.93
8	17130131@1	铝合金方管	38×25×1.2	m	2249.378	5.23	11764.25
9	34110103	电		kW·h	474.81	0.66	313.37
10	QTCLF-1	其他材料费		元	494.643862	1	494.64

4. 资格证明文件

符合《政府采购法》第22条规定，同时具备以下条件：

1）法人或者其他组织的营业执照等证明文件，自然人的身份证明。

2）财务状况报告，依法缴纳税收和社会保障资金的相关材料。

3）具备履行合同所必需的设备和专业技术能力的证明材料。

4）参加政府采购活动前3年内在经营活动中没有重大违法记录的书面声明。

5）根据《关于在政府采购活动中查询及使用信用记录有关问题的通知》和当地政府的规定，对列入失信被执行人、重大税收违法案件当事人名单、政府采购严重违法失信行为记录名单的供应商，拒绝参与本项目政府采购活动。

6）国内具有金属门窗加工及安装能力的独立法人。

7）承担过×××年1月1日以来合同金额100万元及以上规模的类似业绩（其中包含铝合金材料的制作安装项目）。

8）本项目不接受联合体投标。

9）相关法律、法规规定的其他条件。

以上资格条件证明文件，投标供应商应严格按照要求提供，未按要求提供的，视为无效投标。

5. 谈判供应商承诺函

致：＊＊采购服务有限公司：

很荣幸能参与上述项目的谈判。

我代表＿＿＿＿＿＿＿＿＿＿＿（谈判供应商名称），在此作如下承诺：

1）完全理解和接受谈判文件的一切规定和要求。

2）若成交，我方保证在二十日（20）内按照谈判文件和谈判响应文件的具体规定与采购人签订合同，并且严格履行合同义务，按期交货。如果在合同执行过程中，发现质量问题，我方一定尽快处理，由此造成的贵方经济损失由我方承担。

3）在整个谈判过程中，我方若有违规行为，贵方可按谈判文件和政府采购有关的法律法规之规定给予处罚，我方完全接受。

4）若成交，本承诺函将成为合同不可分割的一部分，与合同具有同等的法律效力。

谈判供应商：（公章）

法定代表人或授权代表：（签字）

年　　月　　日

6. 主要材料及五金配件表

信阳师范学院高层次人才周转房铝合金百叶格栅及铝合金护栏采购项目所使用的主要材料及五金配件见表9-7。

表9-7　主要材料及五金配件表

项目名称：＊＊＊铝合金百叶格栅及铝合金护栏采购项目

序号	材料名称	规格型号	数量	单价（元）	制造商及品牌
1	镀锌自攻螺钉	ST5×16	38970.30207	0.03	/
2	塑料膨胀螺栓		37856.80479	1.02	/
3	铝合金门窗配件固定连接铁件（地脚）	3mm×30mm×300mm	37485.70686	0.63	/
4	铝合金百叶窗		6276.9882	150	/
5	氩气		498.33	17	/
6	硅酮耐候密封胶		10242.05568	11	/
7	聚氨酯发泡密封胶（750ml/支）		15124.46208	15	/

（续）

序号	材料名称	规格型号	数量	单价（元）	制造商及品牌
8	铝合金方管	38×25×1.2	2249.378	5.23	/
9	电		474.81	0.66	/
10	其他材料费		494.643862	1	/

谈判供应商：（公章）

法定代表人或授权代表：（签字）

年　　月　　日

7. 制造与安装工艺

1）有关铝合金百叶格栅及铝合金护栏制造工艺的描述。

2）保证铝合金百叶格栅及铝合金护栏能达到制造与安装质量要求的措施和承诺。

3）拟投入的主要机械设备。

4）拟投入的技术力量和劳动力计划。

5）有关铝合金百叶格栅及铝合金护栏制造与施工安装的进度计划。

6）保证安全文明施工、工程进度、技术组织等措施。

7）针对本项目的关键工序、复杂环节提出的技术响应措施。

8）投标人认为其他需要说明的事项。

8. 服务计划书

包含但不限于以下内容，投标供应商自行描述。

1）售后服务体系。

2）免费质保期内的售后服务计划及承诺。

3）免费质保期满后的售后服务计划及承诺。

9.2　某小区二、三期窗采购安装工程窗标段

某小区二、三期窗采购安装工程窗标段投标文件主要包括投标函及投标函附录、法定代表人身份证明、授权委托书、报价表、项目管理机构配备情况、售后服务实施方案、资格审查资料以及企业简介与曾经参与的施工的工程名称和施工组织设计组成。

9.2.1 投标函及投标函附录

1. 投标函

致：（招标人）＊＊＊集团有限公司

1. 我方已仔细研究了 ＊＊＊二、三期窗采购安装工程 （项目名称） 窗 标段招标文件的全部内容，愿以人民币（大写） 壹仟玖佰伍拾万柒仟柒佰陆拾柒元贰角叁分 （￥19507767.23 ）的投标总报价，计划工期 随土建进度，以招标人指定时间 日历天，提供招标文件规定的各项服务和质保期服务，并按合同约定履行义务。

2. 我方承诺投标有效期为 以招标人另行公布为准 日历天。在投标有效期内不修改、不撤销投标文件。

3. 如我方中标：

（1）我方承诺在收到中标通知书后，在中标通知书规定的期限内与你方签订合同。

（2）随同本投标函递交的投标函附录属于合同文件的组成部分。

（3）我方承诺按照招标文件规定向你方递交履约担保。

4. 我方在此声明，所递交的投标文件及有关资料内容完整、真实和准确。

投标人：（单位盖章） ＊＊＊建材有限公司

法定代表人或其委托代理人：（签字或盖章）

地址：

电话：

年　　月　　日

2. 投标函附录

投标函的附录见表9-8。

表9-8　投标函附录

项目名称	＊＊＊二、三期窗采购安装工程
标段	窗标段
投标人名称	＊＊＊建材有限公司
投标报价（元）	19507767.23
工期	随土建进度、具体以项目部通知为准
交货地点	招标人指定地点

（续）

投标有效期	以招标人另行公布为准
质保期	以招标文件为准
质量要求	符合国家或行业技术规范标准，达到合格要求，响应招标文件
备注	

投标人：（单位盖章） *** 建材有限公司
法定代表人或其委托代理人：（签字或盖章）
年　　月　　日

9.2.2 法定代表人身份证明

本次项目需要提供的是法定代表人身份证复印件。

9.2.3 授权委托书

致：*** 集团有限公司

本授权委托书声明：我 __***__（法定代表人姓名），身份证号：***************
系 *** 建材有限公司（分包单位名称）的法定代表人，现授权委托 ***（代理人
姓名），身份证号：************ 为我公司合法的代理人，以本公司的名义参与
贵司 _*** 二、三期窗采购安装工程_ 项目 _窗_ 标段分包工程的投标。

代理人在招标答疑、投标、开标、评标、合同谈判、合同签约过程中所签署
的一切文件和处理与之有关的一切事务，包括但不限于签署往来函件、签署投标
文件、签署会议记录、修改投标价格、签订分包合同等均具有法律效力，授权人
均予以认可。

本授权委托的期限为自 2020 年 10 月 29 日至投标有限期结束（以招标人另行
公布为准）。

代理人无转委托权。

特此授权。

分包单位（公章）：*** 建材有限公司
法定代表人（签字）：
预留代理人签字字样：
授权委托日期：　　　年　　月　　日

9.2.4 报价表

1. 窗户报价汇总表

该项目窗户报价的汇总见表9-9。

表9-9 窗户报价汇总表

项目名称：＊＊＊ 二、三期窗采购安装工程 窗 标段

窗户报价汇总表					
名称及规格	型材要求	数量（m²）	单价（元/m²）	合价（元）	含税点（%）
55 系列平开窗	隔热断桥铝合金	15157.25	505.65	7664263.463	10%
80 系列推拉窗	隔热断桥铝合金	9674.49	484.22	4684581.548	10%
80 系列推拉窗	普通铝合金	2146.4	379.43	814408.552	10%
600mm 高阳台下固定防火窗	耐火极限不低于1h	3189.96	1024.36	3267667.426	10%
55 系列耐火窗平开（和55 断桥平开窗保持一致）	耐火极限不低于1h	2856.26	1075.40	3071622.004	10%
防火窗	耐火极限不低于1h	5.1	1024.36	5224.236	10%

投标人：（单位盖章） ＊＊＊建材有限公司

法定代表人或其委托代理人：（签字或盖章）

年 月 日

2. 综合单价分析

材料的综合单价见表9-10。

表9-10 55系列隔热断桥平开窗综合单价工料机分析表

综合单价工料机分析表					
项目名称：	55 系列隔热断桥平开窗			单位：元/m²	
序号	名称及规格	单位	数量	金额（元）	
				单价	合价
一	直接费	元			391.98
1	人工费				65.00
	制作人工费	m²	1.00	30.00	30.00
	安装人工费	m²	1.00	35.00	35.00

（续）

综合单价工料机分析表

项目名称：	55 系列隔热断桥平开窗			单位：元/m²	
序号	名称及规格	单位	数量	金额（元）	
				单价	合价
2	材料费	元			316.98
	隔热断桥粉末喷涂铝型材	kg	7.98	21.00	167.63
	5＋12A＋5mm 钢化中空玻璃	m²	0.90	80.00	72.00
	6＋12A＋6mm 钢化中空玻璃	m²	0.10	0.00	0.00
	不锈钢滑撑	只	0.86	22.00	18.86
	二点锁	副	0.43	18.00	7.71
	玻璃密封胶	支	0.70	13.00	9.13
	外墙胶	支	0.38	19.00	7.22
	发泡剂	支	0.13	22.00	2.79
	密封皮条	米	3.37	1.20	4.04
	上墙镀锌铁片	支	5.76	0.50	2.88
	射钉弹	套	11.52	0.80	9.22
	其他费（美纹纸、组角片、塑配、螺丝等）	项	1.00	15.50	15.50
3	机械费	元			10.00
	制安综合机械费	m²	1.00	7.00	7.00
	运输费	m²	1.00	3.00	3.00
二	管理费（一×10%）	元	10%		39.20
三	总包配合费（一×2%）	元	2%		7.84
四	利润（一×5%）	元	5%		19.60
五	风险费用（一×2%）	元	2%		7.84
六	税金（一×10%）	元	10%		39.20
七	合计（一＋二＋三＋四＋五＋六）	元			505.65

注：管理费、总包配合费、利润、风险费用、税金计算方式都为上述所得数值乘以相应百分比进行计算。

9.2.5 项目管理机构配备情况

项目管理机构配备由项目管理机构配置表、项目经理简历表和项目技术负责人简历表组成。

9.2.6 售后服务实施方案

售后服务实施方案包括售后服务制度、保修和质保承诺、售后服务保证措施、相关承诺书、售后服务人员配置、售后服务流程和售后人员培训方案。

9.2.7 资格审查资料

资格审查资料主要为投标人基本情况检查，包括营业执照、保证金缴纳凭证、开户许可证和投标回复函。

9.2.8 其他材料

其他材料包括加工、安装工艺和施工组织设计。施工组织设计包括施工总体部署、项目组织机构及技术组织措施、主要工程项目的施工程序和施工方法、成品保护措施、资源配备保证计划、主要材料产品性能指标、质量保证体系和措施、施工安全管理措施和文明施工及环境保证体系、施工工期及保证措施、试验、检验、验收措施、与土建和机电安装等其他工程的配合和协调方案及措施、本工程的施工要点和难点分析及针对性措施、恶劣天气施工技术措施。

9.3 某小区项目配套设施工程第六标段

某小区项目配套设施工程第六标段投标文件包括投标函及投标函附录、法定代表人身份证明、授权委托书、分项报价表、技术与商务偏差表、售后服务实施方案、资格审查资料以及其他资料组成。

9.3.1 投标函及投标函附录

1. 投标函

致：（招标人）＊＊＊＊＊＊有限公司

1. 我方已仔细研究了 ＊＊＊项目配套设施工程 （项目名称） 六 标段招标文件的全部内容，愿以人民币（大写） 贰佰壹拾柒万陆仟玖佰陆拾捌点捌柒 元（￥2176968.87 ）的投标总报价，计划工期 270 日历天，提供招标文件规定的各项服务和质保期服务，并按合同约定履行义务。

2. 我方承诺投标有效期为 60 日历天。在投标有效期内不修改、撤销投标文件。

3. 如我方中标：

（1）我方承诺在收到中标通知书后，在中标通知书规定的期限内与你方签订合同。

（2）随同本投标函递交的投标函附录属于合同文件的组成部分。

（3）我方承诺按照招标文件规定向你方递交履约担保。

（4）如果我方中标，同意按招标文件规定的收费标准向采购代理机构支付服务费。

4. 我方在此声明，所递交的投标文件及有关资料内容完整、真实和准确，且不存在第 * 章"投标须知"第 *** 项规定的任何一种情形。

5. 交货期：按照招标人要求。安装期：按照招标人要求。

投标人：（单位盖章）　*** 建材有限公司

法定代表人或其委托代理人：（签字或盖章）

地址：************

电话：************

年　　月　　日

2. 投标函附录

该标段投标函附录的内容见表 9-11。

表 9-11　投标函附录

项目名称	*** 项目配套设施工程
标段	六标段
投标人名称	*** 建材有限公司
投标报价（元）	2176968.87
工期	270 日历天
交货地点	招标人指定地点
投标有效期	60 日历天
质保期	二年
质量要求	符合国家或行业技术规范标准，达到合格要求
价格折扣	符合小微企业价格折扣　是□　否☑
备注	交货期：按照招标人要求 安装期：按照招标人要求

投标人：（单位盖章）　*** 建材有限公司

法定代表人或其委托代理人：（签字或盖章）

年　　月　　日

9.3.2 法定代表人身份证明

法定代表人身份证明需提供法定代表人的身份证复印件。

9.3.3 授权委托书

本人 ＊＊＊ （姓名） ＊＊＊建材有限公司 系（投标人名称）的法定代表人，现委托 ＊＊＊ （姓名）为我方代理人。代理人根据授权，以我方名义签署、澄清、说明、补正、递交、撤回、修改 ＊＊＊项目配套设施工程（项目名称） 六 标段投标文件、签订合同和处理有关事宜，其法律后果由我方承担。

代理人无转委托权。

委托期限：本授权书至投标有效期结束前始终有效。

附：法定代表人身份证复印件及委托代理人身份证复印件

注：本授权委托书需由投标人加盖单位公章并由法定代表人和委托代理人签字。

投标人：（盖单位章） ＊＊＊建材有限公司
法定代表人：（签字或盖章）
身份证号码：_____
委托代理人：（签字或盖章）
身份证号码：_____
年　　月　　日

9.3.4 分项报价表

该标段的分项材料型号规格等信息见表9-12。

表9-12　分项报价表

项目名称： ＊＊＊项目配套设施工程　六标段

项目编号：

序号	商品名	品牌	规格	数量	投标单价(元)	小计(元)	配送完成时间	备注
1	肯德基门	国标	断桥铝低辐射中空玻璃门	20樘(237.69m²)	666.5	158420.385	按照招标人要求	

（续）

序号	商品名	品牌	规格	数量	投标单价(元)	小计（元）	配送完成时间	备注
2		国标	扶手材料种类、规格：40×60×2.0mm方钢管 栏板材料种类、规格：δ12 钢化玻璃 栏杆高度：1100mm	2386.9m	324.56	774688.97	按照招标人要求	
3	阳台栏杆	国标	扶手材料种类、规格：40×60×2.0mm方钢管 栏板材料种类、规格：δ12 钢化玻璃 栏杆高度：600mm	57.6m	293.59	16911.04	按照招标人要求	
4		国标	扶手材料种类、规格：40×60×2.0mm方钢管 栏板材料种类、规格：δ12 钢化玻璃 栏杆高度：500mm	321.4m	272.39	87546.91	按照招标人要求	
5	护窗栏杆	国标	扶手材料种类、规格：40×40×1.2mm镀锌钢管 栏杆材料种类、规格：20×20×0.8mm镀锌钢管竖杆 40×40×1.2mm镀锌钢管横杆 栏杆高度：900mm	2922.8m	184.86	540322.58	按照招标人要求	
6	空调栏杆	国标	扶手材料种类、规格：40×40×1.0mm镀锌钢管 栏杆材料种类、规格：20×20×0.8mm镀锌钢管竖杆、30×30×1.2mm镀锌钢管桩柱；20×20×1.0mm镀锌钢管横杆 栏杆高度：500mm	497.8m	168.71	83981.87	按照招标人要求	

（续）

序号	商品名	品牌	规格	数量	投标单价(元)	小计(元)	配送完成时间	备注
7	空调百叶	国标	按图纸要求	1237.26m²	219.43	271491.96	按照招标人要求	
8	楼梯栏杆	国标	材质：φ60 不锈钢管扶手、φ20 不锈钢管栏杆 栏杆高度：900mm	1187.2m	205.19	243605.16	按照招标人要求	

投标报价金额合计（大写）人民币 贰佰壹拾柒万陆仟玖佰陆拾捌点捌柒 元，￥2176968.87 元。

投标人：（单位盖章） *** 建材有限公司
法定代表人或其委托代理人：（签字或盖章）
年　　月　　日

9.3.5　技术与商务偏差表

该标段投标文件中的技术与商务的偏差见表9-13。

表 9-13　技术与商务偏差表

项目名称：＿＿***项目配套设施工程＿＿ 六标段

项目编号：

序号	技术参数及要求		对招标文件偏差	描述	备注
	招标文件	投标文件			
1	肯德基门	与招标文件一致	无偏差	与招标文件一致	
2	阳台栏杆	与招标文件一致	无偏差	与招标文件一致	
3	护窗栏杆	与招标文件一致	无偏差	与招标文件一致	
4	空调栏杆	与招标文件一致	无偏差	与招标文件一致	
5	空调百叶	与招标文件一致	无偏差	与招标文件一致	
6	楼梯栏杆	与招标文件一致	无偏差	与招标文件一致	

注：投标人应按招标文件中的采购项目产品技术标准与要求，根据投标报价产品进行相应响应，投标人必须根据所投标报价产品的实际情况如实填写。偏差情况填写"负偏差"或"正偏差"或"无偏差"。

投标人保证：除技术和商务偏差列出的偏差外，投标人响应招标文件的全部要求。

投标人：（单位盖章） *** 建材有限公司
法定代表人或其委托代理人：（签字或盖章）
年　　月　　日

9.3.6　售后服务实施方案

售后服务实施方案包括售后服务制度、保修和质保承诺、售后服务保证措施、相关承诺书、售后服务人员配置、售后服务流程和售后人员培训方案。

9.3.7　资格审查资料

资格审查资料主要为投标人基本情况检查，包括营业执照、保证金缴纳凭证、开户许可证和投标回复函。投标人的基本情况见表 9-14。

表 9-14　投标人基本情况表

投标人名称	*** 建材有限公司				
注册地址	************			邮政编码	***
注册资金	三百万元			成立时间	2018 年 5 月 10 日
联系方式	联系人	***		电话	*********
	传真	******		网址	/
法定代表人	姓名	***	技术职称	工程师	电话　*********
投标须知要求投标人需具有的各类资质证书（若有）	类型：/ 等级：　/　证书号：				
基本账户开户银行	************				
基本账户银行账号	************				
近三年营业额	2018 年 *** 万元，2019 年 *** 万				
投标人关联企业情况（包括但不限于与投标人法定代表人为同一人或者存在控股、管理关系的不同单位）	无				
经营范围备注	建筑材料、装饰材料、五金电料销售、装饰设计、门窗、纱窗加工制作、安装及销售、门窗配件销售				

9.4　某小区项目配套设施工程第三标段

某小区项目配套设施工程第三标段投标文件主要包括投标函及投标函附录、法定代表人身份证明、授权委托书、分项报价表、技术与商务偏差表、售后服务实施方案、资格审查资料以及其他资料组成。

9.4.1 投标函及投标函附录

1. 投标函

致：（招标人）

1. 我方已仔细研究了 ***项目配套设施工程 （项目名称） 三 标段招标文件的全部内容，愿以人民币（大写） 伍佰零捌万捌仟壹佰陆拾伍点肆 （￥5088165.4）的投标总报价，计划工期270日历天，提供招标文件规定的各项服务和质保期服务，并按合同约定履行义务。

2. 我方承诺投标有效期为 60 日历天。在投标有效期内不修改、撤销投标文件。

3. 如我方中标：

1）我方承诺在收到中标通知书后，在中标通知书规定的期限内与你方签订合同。

2）随同本投标函递交的投标函附录属于合同文件的组成部分。

3）我方承诺按照招标文件规定向你方递交履约担保。

4）如果我方中标，同意按招标文件规定的收费标准向采购代理机构支付服务费。

4. 我方在此声明，所递交的投标文件及有关资料内容完整、真实和准确，且不存在第 * 章"投标须知"第 *** 项规定的任何一种情形。

5. 交货期：按照招标人要求。安装期：按照招标人要求。

投标人：（单位盖章） *** 建材有限公司
法定代表人或其委托代理人：（签字或盖章）
地址：
电话：
　　　　年　　　月　　　日

2. 投标函附录

第三标段的投标函附录的内容见表9-15。

表 9-15　投标函附录

项目名称	***项目配套设施工程
标段	三标段
投标人名称	*** 建材有限公司
投标报价（元）	5088165.4
工期	270

（续）

交货地点	招标人指定地点
投标有效期	60 日历天
质保期	二年
质量要求	符合国家或行业技术规范标准，达到合格要求
价格折扣	符合小微企业价格折扣　是□　否☑
备注	

投标人：（单位盖章）　*** 建材有限公司
法定代表人或其委托代理人：（签字或盖章）
年　　月　　日

9.4.2　法定代表人身份证明

法定代表人身份证明主要是法定代表人的身份证复印件。

9.4.3　授权委托书

法定代表人委托书中除了委托书外还应有法定代表人的身份证和委托人身份证。

9.4.4　分项报价表

第三标段材料分项材料型号规格等信息见表 9-16。

表 9-16　第三标段分项报价表

项目名称：*** 项目配套设施工程三标段
项目编号：

序号	商品名	品牌	规格	数量	投标单价(元)	小计(元)	配送完成时间	备注
1	凤铝 55 断桥铝隔热外上悬窗 C0514a	凤铝 55 系列	宽 500 高 1400	72	620.27	44659.44	按照招标人要求	
2	凤铝 55 断桥铝隔热外上悬窗 C614	凤铝 55 系列	宽 600 高 1400	49	616.30	30198.70	按照招标人要求	
3	凤铝 55 断桥铝隔热外上悬窗 C0618	凤铝 55 系列	宽 600 高 1800	5	603.24	3016.20	按照招标人要求	
4	凤铝 55 断桥铝隔热外上悬窗 C0714	凤铝 55 系列	宽 700 高 1400	144	612.62	88217.28	按照招标人要求	

（续）

序号	商品名	品牌	规格	数量	投标单价(元)	小计(元)	配送完成时间	备注
5	凤铝 55 断桥铝隔热外上悬窗 C0714a	凤铝 55 系列	宽 700 高 1400	596	612.62	365121.52	按照招标人要求	
6	凤铝 55 断桥铝隔热外上悬窗 C0718	凤铝 55 系列	宽 700 高 1800	23	558.94	12855.62	按照招标人要求	
7	凤铝 55 断桥铝隔热外上悬窗 GC0810	凤铝 55 系列	宽 800 高 1000	1	607.50	607.50	按照招标人要求	
8	凤铝 55 断桥铝隔热外上悬窗 C0914	凤铝 55 系列	宽 900 高 1400	152	534.80	81289.60	按照招标人要求	
9	凤铝 55 断桥铝隔热外上悬窗 C0914a	凤铝 55 系列	宽 900 高 1400	387	534.80	206967.60	按照招标人要求	
10	凤铝 55 断桥铝隔热外平开窗 C0918	凤铝 55 系列	宽 900 高 1800	14	502.76	7038.64	按照招标人要求	
11	凤铝 55 断桥铝隔热外平开窗 C1014	凤铝 55 系列	宽 1000 高 1400	136	500.65	68088.40	按照招标人要求	
12	凤铝 55 断桥铝隔热外平开窗 C1014a	凤铝 55 系列	宽 1000 高 1400	68	500.65	34044.20	按照招标人要求	
13	凤铝 55 断桥铝隔热外平开窗 C1015A	凤铝 55 系列	宽 1000 高 1500	6	497.84	2987.04	按照招标人要求	
14	凤铝 55 断桥铝隔热外平开窗 C1209	凤铝 55 系列	宽 1200 高 900	6	508.30	3049.80	按照招标人要求	
15	凤铝 55 断桥铝隔热外平开窗 C1214	凤铝 55 系列	宽 1200 高 1400	10	492.44	4924.40	按照招标人要求	
16	凤铝 55 断桥铝隔热外平开窗 C1214a	凤铝 55 系列	宽 1200 高 1400	142	492.44	69926.48	按照招标人要求	
17	凤铝 55 断桥铝隔热外平开窗 C1317	凤铝 55 系列	宽 1300 高 1700	102	470.39	47979.78	按照招标人要求	
18	凤铝 55 断桥铝隔热外平开窗 C1508	凤铝 55 系列	宽 1500 高 800	15	463.79	6956.85	按照招标人要求	
……								

投标报价金额合计（大写）人民币 伍佰零捌万捌仟壹佰陆拾伍点肆 元，￥5088165.4 元

投标人：（单位盖章） *** 建材有限公司

法定代表人或其委托代理人：（签字或盖章）

年　　月　　日

第三标段中凤铝断桥 55 上悬窗、平开窗及组合门窗综合单价分析见表 9-17。

表 9-17　综合单价分析表

项目名称：		凤铝断桥 55 上悬窗、平开窗及组合门窗			单位：	1m²
序号	名称及规格		单位	数量	金额（元）	
					单价	合价
1	人工	加工人工费	m²	1.00	28.00	27.00
		安装人工费	m²	1.00	32.00	31.00
	人工费小计					58.00
2	主要材料	5＋12＋5mmLow-E 钢化夹胶玻璃	m²	0.96	110.00	105.60
		凤铝断桥铝材材料	kg	7.60	22.00	167.20
		结构胶	支	0.65	20.00	13.00
		耐候胶	支	0.65	16.00	10.40
		坚朗五金件	m²	0.25	65.00	16.25
		辅助材料	m²	1.00	4.27	4.27
		包装运输费	m²	1.00	5.92	5.92
	材料费小计					322.64
3	机械费					5.00
4	措施费及检测费					6.00
5	直接工程费		1＋2＋3＋4			391.64
6	管理费		直接工程费×3%			11.75
7	利润		（直接工程费＋管理费）×6%			24.25
8	税金		（直接费＋管理费＋利润）×6%			25.71
9	综合单价		5＋6＋7＋8			453.35

9.4.5　技术与商务偏差表

第三标段投标文件和招标文件技术与商务的偏差见表 9-18。

表 9-18 技术与商务偏差表

项目名称：＊＊＊项目配套设施工程 三 标段

项目编号：

序号	技术参数及要求		对招标文件偏差	描述	备注
	招标文件	投标文件			
1	凤铝 55 断桥铝隔热外上悬窗 C0514a	凤铝 55 断桥铝隔热外上悬窗 C0514a	无偏差	与招标文件要求一致	
2	凤铝 55 断桥铝隔热外上悬窗 C614	凤铝 55 断桥铝隔热外上悬窗 C614	无偏差	与招标文件要求一致	
3	凤铝 55 断桥铝隔热外上悬窗 C0618	凤铝 55 断桥铝隔热外上悬窗 C0618	无偏差	与招标文件要求一致	
4	凤铝 55 断桥铝隔热外上悬窗 C0714	凤铝 55 断桥铝隔热外上悬窗 C0714	无偏差	与招标文件要求一致	
5	凤铝 55 断桥铝隔热外上悬窗 C0714a	凤铝 55 断桥铝隔热外上悬窗 C0714a	无偏差	与招标文件要求一致	
6	凤铝 55 断桥铝隔热外上悬窗 C0718	凤铝 55 断桥铝隔热外上悬窗 C0718	无偏差	与招标文件要求一致	

投标人应按招标文件中的采购项目产品技术标准与要求，根据投报产品进行相应响应，投标人必须根据所投产品的实际情况如实填写。偏差情况填写"负偏差"或"正偏差"或"无偏差"。

投标人保证：除技术和商务偏差列出的偏差外，投标人响应招标文件的全部要求。

投标人：（单位盖章） ＊＊＊建材有限公司

法定代表人或其委托代理人：（签字或盖章）

年 月 日

9.4.6 售后服务实施方案

售后服务实施方案包括售后服务制度、保修和质保承诺、售后服务保证措施、相关承诺书、售后服务人员配置、售后服务流程和售后人员培训方案。

9.4.7 资格审查资料

资格审查资料主要为投标人基本情况检查，包括营业执照、保证金缴纳凭证、开户许可证和投标回复函。基本情况表见表 9-14。

9.4.8　其他材料

其他材料包括加工、安装工艺和施工组织设计。施工组织设计包括施工总体部署、项目组织机构及技术组织措施、主要工程项目的施工程序和施工方法、成品保护措施、资源配备保证计划、主要材料产品性能指标、质量保证体系和措施、施工安全管理措施和文明施工及环境保证体系、施工工期及保证措施、试验、检验、验收措施、与土建和机电安装等其他工程的配合和协调方案及措施、本工程的施工要点和难点分析及针对性措施、恶劣天气施工技术措施。

9.5　某综合楼标书制作

9.5.1　技术标

该综合楼技术标主要包括施工组织方案、项目经理简历表、拟在本标段投入的主要施工管理人员表、拟在本标段投入的主要施工机械装备表、拟在本标段投入的劳动力计划表和技术商务差异表。

1. 施工组织方案

(1) 施工组织设计

1) 工程概况: 工程概况、招标范围和编制依据。

2) 施工组织机构。

①施工组织机构分为两个层次: 项目管理层和施工作业层。项目部由项目经理、项目副经理、项目技术负责人、质检员、安全员、技术员、材料员等组成, 下设各专业作业队伍。

②工程特点分析和策划要点: 主要包括施工安排、人员配备、施工机械、物资采购和各专业工种施工配合 (预留预埋配合、卫生间施工配合、设备基础及留孔的配合、安装与二次装修的配合等)。

3) 工期保证措施。

①选派具有专业技术和管理经验的精干人员组建项目部。

②根据进度计划, 精选现场施工人员, 特殊工种持证上岗, 劳力实行动态管理。

③根据施工总体网络计划, 提前做好机械进场安排, 备足机械数量。

④根据施工进度网络计划与施工预算书, 提前做好物料采购计划。

⑤充分利用时间和空间，各作业区分段流水施工形成合理有节奏的穿插作业。

⑥建立会议制度，项目经理部每日召开碰头会，检查日计划。

4）总平面布置及力能供应规划。

投标人应按招标人提供的信息进行施工总平面布置及临时设施规划，见表9-19。

表9-19　临时用地表

用途	面积/m²	位置	需用时间
钢筋库及加工棚1个	110	施工现场	施工全过程
办公室	120	施工现场	施工全过程
生活区	80	施工现场	施工全过程
食堂1间	70	施工现场	施工全过程
厕所1间	50	施工现场	施工全过程
值班室	10	施工现场	施工全过程
合计	440		

注：1. 投标人应逐项填写本表，指出全部临时设施用地面积以及详细用途。

2. 若本表不够，可加附页。

根据现场踏勘，结合现场实际情况、我公司多年的施工经验及我省施工现场标准化管理规定，在施工现场平面布置上分为以下三个阶段的平面布置。

①基础施工阶段的平面布置。本阶段施工任务是地下结构的钢筋、模板、混凝土、防水施工，塔式起重机安装、排降水以及基坑外回填土等内容。

②主体结构工程施工平面布置。本阶段主要施工任务是：工程主体结构钢筋、模板、混凝土施工以及墙体砌筑、安装预留等，包括穿插进行的粗装抹灰工程。

③装饰阶段施工平面布置。本阶段主要任务是：内墙初装饰、屋面工程、外墙装饰及强电安装工程等。

主要生产、生活设施布置：

①垂直运输设备的布置：基础、主体结构、装饰施工阶段布置1台QTZ40塔式起重机，负责基础、主体及砌筑、装饰施工阶段的垂直运输和部分水平运输工作。

②混凝土搅拌设施的布置。本工程混凝土采用商品混凝土，由混凝土汽车泵或天泵泵送。

③现场道路及临时设施布置。施工现场内施工道路与场外文化南路相连，场区内道路全部用C20混凝土硬化，厚200mm，宽4～5m。

④现场办公室布置。为满足现场办公需要，在现场布置彩钢板房，分别设业主、监理、项目部、资料、医务等办公室，并设置会议室，办公区在适当位置进行绿化，办公室布置见施工总平面布置图。

⑤生活区布置。根据施工现场实际情况，计划在场区靠文化南路围墙侧设置生活区，生活区布置严格按标准化示范工地要求精心布置、合理安排，满足现场卫生、安全防火和环境保护等要求。

⑥施工用电布置。根据施工现场的实际情况布置施工临时用电的线路走向、配电箱的位置及照明灯具的位置。电源电缆根据现场用电负荷确定电缆截面。现场布置，均按"三级配电，二级保护"。

本工程临时用电均从业主提供的电源引出，并进入本施工现场的红线内，在红线内设总配电箱，从甲方提供电源位置采用三相五线制配线引入总配电箱，总分配电箱全部用定型化防护棚防护。

施工现场内配电方式采用 TN-S 系统，并在总配电箱处做重复接地一组，接地电阻小于 4Ω。消防水泵的电源由总配电箱的上口接，不得经任何开关控制。其他内容严格执行《施工现场临时用电安全技术规范》。

⑦施工用水布置。按临时给水排水平面图及系统图的要求，现场用水需满足施工、机械、生活及消防所需。施工用水及消防用水由业主单位引至场区，再由施工单位引至各楼座。施工现场的生产排水必须经过沉积后才能排入排水管网，厕所的排污必须经过化粪池处理方可进入管网。

（2）施工方案

1）土建基础主体主要施工方案包括：测量与放线、土石方工程、基础底板和地梁砖胎膜、基础防水工程、模板工程、钢筋工程、混凝土工程、砌体工程以及脚手架工程施工方案的确定。

2）装饰装修主要施工方案包括：内墙面工程、顶棚工程、外墙面工程、门窗工程、屋面工程和楼地面工程的施工工艺及做法。

3）给水排水工程主要施工方案包括：给水排水系统、室内消火栓系统和消防给水设备安装系统的施工工艺，管道之间的连接要求及管道压力试验的要求。

4）建筑电气施工方案主要包括：防雷接地系统、电气动力照明系统、设备安装及选型、有线电视系统、电话及宽带网系统、对讲系统、火灾自动报警系统及消防控制系统的主要设备的选型及施工方案。

2. 主要材料的投入需求

主要材料的投入需求见表 9-20。

表 9-20　主要材料的投入需求量

序号	材料名称	执行标准	技术标准和要求	进场计划
1	线材	GB/T 701—2008	出厂合格证、检验报告齐全，数量准确，试验屈服点、抗拉强度、伸长率、截面尺寸等符合标准检测，达到合格水平	
2	圆钢	GB 13013—1991	出厂合格证、检验报告齐全，数量准确，试验屈服点、抗拉强度、伸长率、截面尺寸等符合标准检测，达到合格水平	
3	螺纹钢	GB 1499.2—2007	出厂合格证、检验报告齐全，数量准确，试验屈服点、抗拉强度、伸长率、截面尺寸等符合标准检测，达到合格水平	
4	冷拔丝	GB/T 4357—2009	出厂合格证、检验报告齐全，数量准确，试验屈服点、抗拉强度、伸长率、截面尺寸等符合标准检测，达到合格水平	
5	普通硅酸盐水泥	GB 175—2007	有出厂合格证、3天、28天检验报告，各种材料级配达到标准要求，送检合格	
6	商品混凝土	GB/T 14902—2003	有出厂合格证、配合比通知单，所用砂石、水泥、外加剂等符合材料质量标准，不离析，坍落度、强度达到预定要求，	
7	胶合板模板	GB/T 17656—99	板面光滑，无碳化、脱皮等现象，尺寸、厚度偏差在标准范围之内，达到预期周转次数	
8	方木	GB/T 144—2003	无边皮料，截面尺寸达到规定尺寸，长度足尺，无蛀虫、接榫等现象	
9	砂	GB/T 14684—2001	含泥量、颗粒级配达到规定要求	
10	石子	GB/T 14685—2001	含泥量、颗粒级配达到规定要求	
11	加气混凝土砌块	GB 11968—2006	材料体积密度、强度、缺棱掉角符合标准要求，规格尺寸良好	
12	页岩多孔砖	GB 11945—1999	材料体积密度、强度、缺棱掉角符合标准要求，规格尺寸良好	
13	耐水腻子	JG/T 229—2007	无结块，均匀，三次循环不变质，刮涂无障碍	
14	防火涂料	GA 98—1995	具有防锈、防水、防腐、耐磨、耐热等特点	
15	外墙涂料	GB/T 9755—2001	容器中无硬块，涂刷二道无阻碍，低温状态不变质。耐水性96h无异常，耐碱性48h无异常	

（续）

序号	材料名称	执行标准	技术标准和要求	进场计划
16	SBS 改性沥青防水卷材	GB 18242—2000	有一定的拉力，低温柔度较好，延伸率高。	
17	直螺纹套筒	LR-1	合格证、材质单齐全有效，扭矩达到规范要求，质量试验合格	
18	脱模剂	HB 5479—1991	色泽良好，数量足秤，脱模效果明显	
19	砼界面处理剂	JC/T 907—2002	色泽良好，数量足秤，脱模效果明显	
20	墙面抹灰用金属网		具有良好的韧性，镀锌厚，抗腐蚀、抗锈蚀能力强，镀层牢固	
21	止水钢板	GB 18173.2—2000	规格尺寸无偏差、厚度达到标准要求，材质良好	

3. 拟在本标段投入的主要施工机械装备表

拟在本标段投入的主要施工机械装备见表 9-21。

表 9-21 拟在本标段投入的主要施工机械装备表

序号	机械或设备名称	型号规格	数量	国别产地	制造年份	额定功率（kW）生产能力	施工机械到场时间	备注
自有主要机械设备								
1	钢筋切断机	GJ5-40	2	徐州	2017			
2	钢筋弯曲机	WJ40-1	2	济南	2017			
3	钢筋调直机	MT-11X	2	济南	2017			
计划购置的机械设备								
1	平面刨	M1B-LS-1558	2	江苏	2017	6		
2	圆盘锯	FF02-185	2	江苏	2017	3		
3	交流电焊机	BX1-315F	2	天津	2017	30		
4	振动棒	ZN-70	6	江苏	2017	6.6		
计划租用的机械设备								
1	塔式起重机	QTZ40	1	徐州	2016			
2	挖掘机	PC330	3	济南	2017			
3	自卸汽车	CQ1260	40	湖北	2017			
4	汽车混凝土泵送	HBT60	1	济南	2017			

4. 拟在本标段投入的劳动力计划表

拟在本标段投入的劳动力计划见表9-22。

表 9-22 拟在本标段投入的劳动力计划表

工种	按工程施工阶段投入劳动力情况		
	基础结构 施工阶段	主体结构 施工阶段	装修、机电 安装阶段
钢筋工	20	30	
模板工	30	50	
砼工	20	30	
防水工	6	0	10
架子工	0	20	10
机械工	6	6	6
信号工	2	2	2
电焊工	6	10	6
瓦工	5	20	20
抹灰工	5	5	30
电工	2	5	10
水暖工	2	10	10
小工	20	30	30
合计	124	218	134

9.5.2 商务标

该综合楼商务标的内容主要包括投标保证金、投标文件格式、授权委托书、营业执照等资质等级证书、财务报表、审计报告、资信等级证书、类似工程项目业绩及工程评定表、安全质量报表及重大安全和质量事故情况、投标人目前和近三年涉及经济诉讼的资料、投标人依法纳税声明和投标人近五年获得过的荣誉组成。

1. 投标文件格式

投标文件

致：_____

1. 在研究了上述工程招标文件的投标须知、施工条件、规范、图纸、工程量清单及附件以后，根据上述条件可能确定的其他金额，按合同条件、规范、图纸、工程量报价费用以及附件要求，我方接受招标书中的所有条款（偏差见差异表），实施并完成上述工程保修并修补其任何缺陷。

2. 我们完全响应招标文件除差异表外的全部条款，投标文件与招标文件的差异已在招标文件给定的差异表中明确。

3. 我们承认投标文件附录为我们投标文件的组成部分。

4. 如果我们中标，我们保证在接到监理工程师开工通知后尽可能快地开工，并在投标文件附录中规定的时间内完成合同规定的全部工程。

5. 如果我们中标，我们将保证按照你方认可的条件，以本投标文件附录内写明的金额提交履约保函。

6. 我们同意从确定的接收投标之日起 90 天内遵守本投标文件，在此期限期满之前的任何时间，本投标文件一直对我们具有约束力，并随时被接受。

7. 在制定和执行一份正式的合同协议书之前，本投标文件连同你方书面的中标通知书，应构成我们双方之间有约束力的合同。

8. 我们理解你们并不一定非得接受最低标报价的投标或你方可能收到的任何投标文件的约束。

9. 我方以人民币金额为 ** 万元的投标保证金（支票 \ 汇票）与本投标文件于_____年___月___日同时递交。

10. 投标文件与招标文件之间的差异，见后附差异表。

投标人：_____（盖章）

法定代表人或授权代表：_____（签字）

日期：_____年___月___日

2. 授权委托书

本授权委托书声明：我_____（姓名）系_____（投标单位名称）的法定代表人，现授权委托_____（单位名称）的_____（姓名）为我公司代理人，以本公司的名义参加 *** 项目 EPC 总承包工程厂前区综合服务楼工程施工 的投标活动，代理人在开标、评标、合同谈判过程中所签署的一切文件和处理与之有关的一切事务，我均予以承认。

代理人无转委权。特此委托。

代理人：_____　性别：_____　年龄：_____

单位：_____　部门：_____　职务：_____

投标人：_____（盖章）

法定代表人：（签字）

代理人：（签字）

日期：_____年___月___日

3. 营业执照等资质等级证书

相关资质等级证书包括营业执照、资质等级证书、质量体系认证证书、职业健康安全管理体系和环境管理体系认证证书、安全生产许可证等（复印件）、项目经理证书、近三年（××年01月01日至今）具有国内至少1个相同或类似工程施工业绩、投标人近三年（××年01月01日至今）无较大及以上安全生产事故，无重大质量事故，没有处于被责令停业、财产被接管、冻结、破产状态声明等。

近三年无安全事故声明如下：

声　明

我公司　　　　　　近三年（2018年01月01日至今）无较大及以上安全生产事故，无重大质量事故，没有处于被责令停业、财产被接管、冻结、破产状态，特此声明。

投标人：　　　（盖章）
年　月　日

投标人目前和近三年涉及经济诉讼的资料如下：

声　明

我公司　　　　　　目前和近三年没有发生有关涉及诉讼的事件。特此声明。

投标人：　　　（盖章）
年　月　日

投标人依法纳税声明如下：

投标人依法纳税声明

我公司郑重承诺，在***项目EPC总承包工程厂前区综合服务楼工程施工过程中，严格按照国家税收的有关规定，依法纳税，并自愿委托招标人代收代缴，在税费交缴过程中的任何法律责任均由我公司承担。

投标人名称（并公章）：
法定代表人（或授权代表）（签字）：
年　月　日

9.5.3　预算报价

本项目的预算报价文件包括报价说明、降（提）价函和提价表。

1. 报价说明

1）工程名称：*** 项目综合办公楼施工工程

2）编制依据：①依据招标工程量招标清单和招标文件要求；

②分部分项工程组价依据：*** 省建筑工程计价定额、*** 省安装工程计价定额及 *** 省装饰装修工程计价定额；主材单价依据 ** 年 ** 月份 *** 市信息指导价调整，设备单价根据市场询价调整。

3）税率依据国家现行税率（9%）。

2. 报价汇总表

投标报价汇总表见表 9-23。

表 9-23　投标报价汇总表

金额单位：万元

序号	工程项目或费用名称	含税合计	不含税合计	备注
一	工程量清单报价	10883513.30	9984874.59	
1	建筑工程（不含设备）	7064140.28	6480862.64	
2	安装工程	3819373.03	3504011.95	
3	设备购置费	2010958.532	1779609.32	
4	安全文明施工费用	363646.4104	333620.56	包干不调
二	其他费用	0	0	包干不调
1	风险包干费	0	0	包干不调
	……			
	报价合计	10883513.3	9984874.59	

其中建安计取9%增值税费、设备材料计取13%增值税、其他计取6%增值税

注：投标报价应按本招标文件提供的格式（本招标文件中的所有表格均可按相同的格式扩展），由投标人自行填报。（用电子表格制作）

报价总金额：（人民币大写）　壹仟零捌拾捌万叁仟伍佰壹拾叁元叁角

投标人：　　　　　　（盖章）

法定代表人（或授权代表）：＿＿＿＿＿（签字）

日期：　　　年　　月　　日

9.5.4 上传要求

在投标截止时间之前，投标人需将完整的电子版投标文件（签字盖章的 PDF 格式扫描文件）上传至 *** 电子采购平台（网址），填写的报价为含税总价，非单价（注：采购平台设置的货币单位为"元"，非"万元"）。为了保障顺利开标，建议提前一天上传，以便有较为充足的时间解决上传过程出现的各类问题（上传后的投标文件将自动加密，只有在开标之后方可进行解密查看），并在开标之后配合 *** 公司进行相关工作，如未在投标截止时间之前将完整的电子版投标文件上传 *** 平台将视为未递交投标文件。如因电子投标系统办理不及时或其他原因造成无法在 *** 平台上传电子版投标文件或上传错误到其他项目导致投标文件不被接收的，由投标人自行负责。

*** 平台需分别上传投标文件的商务文件和技术文件，其中将商务文件（PDF 和 Word）和报价文件（PDF 和 Word 或 Excel）放在一个文件夹中，压缩后作为商务文件上传；技术文件（PDF 和 Word）放在一个文件夹中压缩后作为技术文件上传。所有上传文件格式须为 PDF 和 Word（报价文件可以为 Excel）版各一份，两者内容必须一致，PDF 文件必须按招标文件要求在相应处签字盖章。

在 *** 平台上传投标文件时，同时将标书款电汇凭证、保证金电汇凭证扫描件上传至 *** 平台，否则无法开标书款发票（退投标保证金）。

投标人须将报价文件（报价明细）放至商务文件中，统一上传。由于投标人操作失误导致无法评标的投标文件，视同无效投标。

投标文件应在投标邀请书或此后招标人书面通知中规定的投标截止时间以前上传至招标代理机构的采购平台，一切迟到的投标文件都将被拒绝。如因特殊客观原因，投标人应于投标截止日期前通告招标人，并得到其同意者除外。